抵抗＆コンデンサの適材適所

三宅和司 著

回路の仕様に最適な電子部品を選ぶために

CQ出版社

まえがき

　わが国は電子立国と呼ばれて久しいのですが，21世紀を迎えようとしている今，どうも技術の質が新たな曲がり角へさしかかっているような気がするのです．

　ラジオを例にとってみましょう．今でも多くの生徒が授業でラジオのキットを組み立てると聞きます．授業の目的は，今も昔も，電子回路に触れるきっかけを作ることにあります．しかしその先が違うのです．「もっと感度を上げるには」とか，「部品定数を変えるとどうなるか」などと考える人は，今では稀です．

　ラジオの基本機能は放送が聞こえるだけで，現代のゲーム機などに比べればインパクトに欠けます．これに対し教材用ラジオ・キットもFMバンドの追加やタイマなどの機能が付加されてきました．しかしそのぶん難しい部分も増え，失敗を恐れるあまり高周波部分がすでに組み上がっていたり，ICの採用でブラック・ボックス化が進んでいます．この延長が自作パソコンと考えられ，はんだごてなしでも組み上げることができます．

　経済的な理由もあります．今のラジオはキットより完成品のほうがはるかにコンパクトで安く，わざわざ別のキットを買ったり，記事を見ながら部品をそろえる必然性はありません．

　かくて一部の最先端技術を除き，コンポーネントの製造は外国へ委譲し，わが国はその応用だけを追い求めるようになりました．しかしその副作用で地味な基礎技術は敬遠され，電子技術の空洞化がはっきりしてきました．今では中堅の技術者でも，本当にラジオの設計ができる人は多くありません．実はラジオの設計には広く深い基礎技術力が必要なのです．この思いは，アジアへ旅したり，科学玩具の衰退を取り上げた文献(1)などを読むたびに強くなっていきました．

＊

　さて本書は月刊トランジスタ技術誌の1997年6月号の特集「抵抗・コンデンサの適材適所」をベースに編集しました．実はこの記事の執筆中，一介の部品ユーザであり専門家でもない筆者が，現時点でこの種の記事を書くことに不安を感じていました．しかし読者の反響から考えを新たにしました．かつては言わずもがなと思われた回路と部品との関係を，改めて知りたいと思う人が多くいることに気づいたのです．

また要望の多かった「抵抗やコンデンサには，どんな種類があり，何を基準に選べばよいか」について，本書の前半（第1章～第5章）に大幅に加筆することになりました．

　第1章では固定抵抗器の11の選択基準と，その構造による違いを述べることで，数多い品種からの選択を容易にしました．さらにもっともポピュラなカーボン抵抗を出発点に，これでは性能不足の場合に，どのような品種を選べばよいかも記しました．またこの知識をベースに，第2章では可変／半固定抵抗に特有の選択基準とその品種について，第3章では集合抵抗の品種を省力化と高精度化の二つの使用目的別にまとめてみました．

　コンデンサの品種は抵抗器よりさらに多く，第4章の固定コンデンサの選択基準は13ポイントにもおよびます．そこで選定しやすいように，性能に関係の深い誘電体や物理構造ごとに整理してみました．また第5章ではこれをベースに，可変／半固定コンデンサ固有の特徴や注意点にも触れました．

　第6章と第7章はそれぞれ，本書のテーマである抵抗器とコンデンサの適材適所について，応用例を挙げながら説明します．抵抗器はLEDの点灯回路から微小光用フォト・アンプまでの6例，コンデンサはパスコンから水晶発振回路までの7例と少ないのですが，各例とも回路の設計方針から部品の選択までを順に追って説明しました．したがってこのエッセンスをくみ取っていただければ，その何十倍もの回路へ応用できるはずです．

　最後の第8章は，抵抗器やコンデンサの選択を誤ったために起こった失敗例のコレクションです．ちょっと肩の力を抜いてお読みください．筆者としては6章や7章で思考過程をさらけ出す以上に恥ずかしいものですが，部品選択の重要性を実感をもって知っていただくために，あえて掲載しました．

　もちろん本章やプロローグの失敗例は比較的牧歌的なもので，部品の適材適所は場合によって事故や災害につながる重要なものです．本書が回路設計を始めようとする方や，これからいろいろな回路を試作する人にとって，少しでも参考になれば幸いです．

*

　最後になりましたが，幾度もの修正に根気よくおつきあいくださった，CQ出版社の関係各位，とくに担当の猪之鼻氏に最大の感謝を表します．また遅筆の私の無理を聞き届け，ときに励ましてくれた私の家族に感謝します．

目　次

プロローグ　たいせつな部品の知識
- 0.1　回路図と部品知識 …………………………………………… 9
- 0.2　発振するレーザ・ドライバ ………………………………… 9
- 0.3　技術者みんなのための部品知識 …………………………… 11

第1章　固定抵抗器の知識
- 1.1　固定抵抗器の性能を表す11のパラメータ ………………… 13
  - 抵抗値と精度 ………………………………………………… 13
  - **コラム1.a　整数値の抵抗** ………………………………… 16
  - 最大定格と壊れ方 …………………………………………… 18
  - 理想抵抗との違い …………………………………………… 19
  - そのほかの要因 ……………………………………………… 20
- 1.2　固定抵抗器の構造とパラメータ …………………………… 21
  - 抵抗体の材質 ………………………………………………… 22
  - 抵抗体の構造 ………………………………………………… 24
  - 外装処理 ……………………………………………………… 27
- 1.3　カーボン抵抗の実力を知る ………………………………… 30
  - カーボン抵抗とは …………………………………………… 30
  - カーボン抵抗では役不足のとき …………………………… 31
  - **コラム1.b　抵抗値の表示について** ……………………… 34
  - **コラム1.c　正しい抵抗の壊し方？** ……………………… 36

第2章　可変抵抗器および半固定抵抗器の構造と性能

2.1　可変抵抗器と半固定抵抗器の性能を表す15の選択ポイント ………… 40
　　コラム2.a　可変抵抗や半固定抵抗の端子番号 ………………………… 40
　　　　固定抵抗器と類似なパラメータ ……………………………………… 41
　　　　可変抵抗器および半固定抵抗器特有のパラメータ ………………… 44
2.2　可変抵抗器および半固定抵抗器の分類と特徴 ………………………… 46
　　　　抵抗体による分類 ……………………………………………………… 46
　　　　単回転か多回転か ……………………………………………………… 49
　　Appendix 1　抵抗比モードと絶対値モード ……………………………… 52

第3章　集合抵抗の構造と性能

3.1　小面積化や省力化のための集合抵抗 …………………………………… 54
　　　　圧膜型集合抵抗の概要 ………………………………………………… 54
　　　　圧膜型集合抵抗の回路とパッケージ ………………………………… 55
3.2　精度向上のための集合抵抗 ……………………………………………… 58
　　　　薄膜集合抵抗の概要 …………………………………………………… 58
　　コラム3.a　基板内の終端 ………………………………………………… 59
　　　　薄膜集合抵抗の回路とパッケージ …………………………………… 59

第4章　固定コンデンサの知識

4.1　固定コンデンサの性能を表す14のパラメータ ………………………… 63
　　　　静電容量と精度 ………………………………………………………… 63
　　　　最大定格と極性 ………………………………………………………… 65
　　　　理想コンデンサとの違い ……………………………………………… 67
　　　　その他 …………………………………………………………………… 71
4.2　固定コンデンサの構造とパラメータ …………………………………… 72
　　　　誘電体の種類によるコンデンサの分類とその特徴 ………………… 72

コラム 4.a　静電容量の表示について ……………………………… 75
　　　　　コンデンサの構造による分類とその特徴 ………………………… 79

第5章　可変コンデンサおよび半固定コンデンサの構造と性能

　5.1　可変コンデンサおよび半固定コンデンサに特有のパラメータ ……… 86
　5.2　可変コンデンサおよび半固定コンデンサの品種と特徴 ……………… 89
　　　　可変コンデンサ（バリコン）…………………………………………… 89
　　　　半固定コンデンサ（トリマ）…………………………………………… 91

第6章　抵抗器の適材適所

　6.1　ＬＥＤの電流制限抵抗 ……………………………………………… 94
　6.2　ディジタル回路のプル・アップ抵抗 ……………………………… 96
　6.3　8 ビット± 1LSB 精度の 5 倍アンプ ……………………………… 101
　　　　コラム 6.a　ペンシル抵抗 ………………………………………… 103
　　　　コラム 6.b　なぜか 10kΩ ………………………………………… 104
　6.4　高精度の絶対値回路 ………………………………………………… 107
　6.5　電流検出抵抗 ………………………………………………………… 114
　6.6　フォト・アンプ～高抵抗を使うときの注意点 …………………… 119
　Appendix 2　LED 点灯のバリエーション …………………………… 127
　　　　電源電圧が変わったり LED の個数が増えたらどうする ………… 127
　　　　AC100V で LED を点灯させるにはどうする …………………… 128

第7章　コンデンサの適材適所

　7.1　電源のパスコン ……………………………………………………… 133
　7.2　3 端子レギュレータを補うコンデンサ …………………………… 141
　7.3　電源平滑用コンデンサ ……………………………………………… 148
　7.4　長時間タイマのコンデンサ ………………………………………… 152

7.5 結合用コンデンサ ……………………………………………… 156
7.6 2重積分A-Dコンバータのコンデンサ ………………………… 161
7.7 水晶発振回路のコンデンサ ……………………………………… 167

第8章　失敗例のコレクション

8.1 失敗例1：風が吹くと電気屋が泣く ……………………………… 173
8.2 失敗例2：定格電圧にご注意を …………………………………… 176
8.3 失敗例3：TTLが全部パー ……………………………………… 178
8.4 失敗例4：高周波のパスコン ……………………………………… 180
　　コラム8.a　スチコンに黙祷を …………………………………… 182
8.5 失敗例5：近接センサにもなるVCO …………………………… 183

参考文献 ………………………………………………………………… 185
索引 ……………………………………………………………………… 187

プロローグ
たいせつな部品の知識

0.1 回路図と部品知識

　新しい回路を設計するとき，設計者はまず頭の中にイメージ上の部品でできた回路の部分像を思い描き，これを回路図などの図面に写し取りながら，細部を練っていきます．しかし，このとき設計者は「現実の部品の誤差や制限事項」などを知っておかないと，絵に描いた餅のような回路になってしまいます．

　逆に，設計者以外が回路を製作する場合，最大のよりどころとなるのは回路図でしょう．

　しかし回路図は目的の回路を近似する表現手段の一つに過ぎず，これだけで設計意図を100%表すことは不可能です．とくに高周波や微小信号の回路図では情報量が不足します．

　回路図で表現しづらい要素は，実装技術や部品に関する項目です．このため実装指示図や部品表を添えて情報を補強します．でもその意図を読みとるには，回路を製作する側にも十分な知識が必要です．

　では，部品の知識が欠けていたり，部品の選択を誤るとどのようなことが起こるのでしょうか．それを理解してもらうには実例が一番です．そこで，冒頭から恥ずかしいのですが，筆者の失敗例を紹介することにしました．

0.2 発振するレーザ・ドライバ

　現在はCDやDVDなどの光ディスクの普及で，半導体レーザの利用はあたりまえになりました．しかし20年ほど前までは，レーザ・ダイオードの駆動用ICは一般的ではなく，OPアンプやトランジスタを組み合わせてドライバ回路を構成するのが普通でした．

● APC 回路の機能と動作

　LED と異なり，半導体レーザ・ダイオード (LD) は一瞬でも最大定格光量を越えると素子が劣化します．しかし，半導体レーザの個々のばらつきや使用温度で光量が大きく変化するので，内蔵のモニタ用フォト・ダイオード (PD) を使った自動光量制御 (APC：Automatic Power Control) 回路が必要です．

　図 0-1 は，当時としては，高出力の LD を駆動する APC 回路の簡略図です．LD の光の一部は PD に入り，U_2 の出力には光量に応じた電圧が現れます．誤差増幅器 U_1 は，これと基準値を比較し，R_1 を介して Tr_1 のベースを制御します．Tr_1 のエミッタ側には R_2 と LD が直列に接続されています．Tr_1 のコレクタは電源に直接つないでも良いのですが，制御が不調な場合にも高価な LD を壊さないようにと，低い制限抵抗 R_3 を接続しました．

● トラブル発生

　ユニバーサル (蛇の目) 基板での試作ではうまくいきました．プリント基板ができて早速テストしたところ，レーザ光を受光する別の装置に数 MHz の大きなノイズが観測されました．装置の受光部を遮光したり，別のレーザ光を使えばノイズは消えます．ということは，この基板のレーザ光自体が汚染されているのです．

　驚いて Tr_1 のエミッタの波形をオシロスコープで観測してみると，やはり大きい振幅の

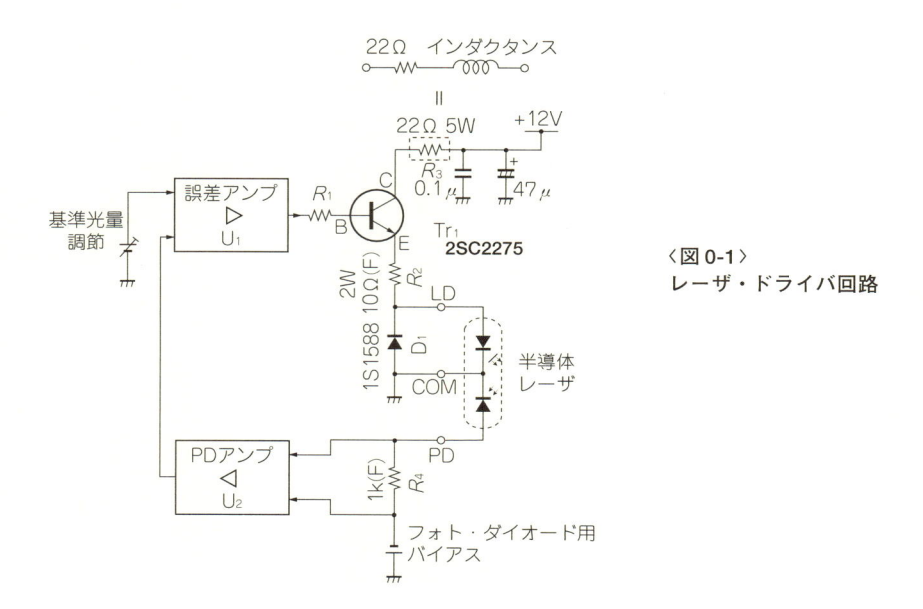

〈図 0-1〉
レーザ・ドライバ回路

発振波形が見られました．発振する回路は働かない回路よりもたちが悪く，このままではピーク光量でレーザが劣化してしまいそうです．

● **意外な原因**

APC回路ではPDの微少電流と，LD用の大電流を同時に扱います．そこで当初は，基板パターンやアンプの位相補償を疑いました．しかし観測してみると，U_1の出力までは波形が安定しており，Tr_1とその周辺部だけで寄生発振が起こっているのです．

そこでユニバーサル基板の試作品と基板を見比べて，まちがい探しをすることになりました．「それにしても基板パターンはスリットの形まで同じだし，トランジスタも同じロットだし…」とつぶやいたところで両者の違いに気づきました．

実は試作品のR_3には在庫の関係で，2Wの酸化金属皮膜抵抗を使いましたが，製品用にはディレーティングや異常時を考慮して，同品種の5W型を指定しました．ところが製品基板には，なぜか5Wのセメント抵抗が実装されていたのです．

試しにR_3を酸化金属皮膜抵抗に戻してみると，発振は嘘のように止まりました．

● **セメント抵抗のインダクタンス成分**

セメント抵抗の抵抗体はセメント…ではなく，低抵抗値には巻き線型，高抵抗値では酸化金属皮膜型が使われることが多いようです．結局，抵抗値の低いセメント抵抗R_3の内部ユニットが巻き線型であったため，知らぬ間に大きめの寄生インダクタンスをTr_1のコレクタに挿入していたのでした．

このインダクタンスはTr_1の寄生容量などとの組み合わせで，数MHzの共振回路を形成します．おまけにTr_1には周波数特性の良いトランジスタを使っていたので，発振に至ってしまいました．また寄生発振はエミッタ側のR_2にインダクタンスが入った場合にも起こります．

0.3　技術者みんなのための部品知識

レーザ・ドライバの失敗は，なぜ起こったのでしょう．

筆者は，設計時に何種かの基板パターンを検討したほどインダクタンスには気を使っていました．しかし発熱に気を取られ，部品表には酸化金属皮膜抵抗の型番を書き込んだだけで，巻き線系の禁止指示を忘れてしまいました．設計した本人は当たり前と思い込んでいたのです．

ところが基板を作る側は，回路の意図を知りようがありません．発熱への警告を見て気

を利かせ,耐熱性に優れたセメント抵抗を採用しました.しかし,セメント抵抗の中身までは知らなかったのです.

　この例は部品知識をめぐるコンセンサスが欠けていたために起こったトラブルですが,逆に設計者側の部品知識が欠けていたために,精度のでない基板の山ができたケースもあります.この場合は基板製作者と部品メーカを巻き込んで険悪な雰囲気となりました.

　このように部品知識は,すべての電子技術者にとって,とても大切なものなのです.本書の第1章から第5章までに記した抵抗やコンデンサの基礎知識は,一見地味で退屈に見えるかもしれません.しかし筆者もこの部分を書き進むうちに,今まで曖昧(あいまい)であったり,思い込みの部分がすいぶんと整理されました.そういうわけで初めての方はもちろん,そうでない方も,ぜひ,一読されることをお勧めします.

　部品の基礎知識を確認したところで,第6章と第7章の抵抗やコンデンサの適材適所へ進んでください.これらの章では,設計者の立場から見た部品選択の過程が,回路例とともに順を追って述べられています.ここから他の多くの回路や部品選択の意図を読みとるヒントを得ることができ,部品知識のコンセンサスを保つ助けとなるでしょう.

　また第8章には,前記のAPC回路のように部品の選択を誤ったらどうなるかという例が,もう6例ほど述べられています.この種のトラブルを未然に防ぐためにも,また適切な部品選択による性能アップのためにも,ぜひ本書を活用していただければ幸いです.

第1章
固定抵抗器の知識

　本章では，もっとも基本的な部品である固定抵抗器を選ぶときに必要な基礎知識について，三つの項目に分けて説明します．
　最初は，固定抵抗器の選択基準である11のパラメータの説明です．
　これらは抵抗器の構造と深い関係があり，一方の特性を良くするとほかの特性に影響が出ることになります．つぎに選択パラメータと固定抵抗器の構造との関係について述べてみました．
　さいごに，一般に「カーボン抵抗」と呼ばれる，もっともポピュラな固定抵抗器のパラメータ・リストを示して，具体的な性能を実感してもらうとともに，カーボン抵抗では性能不足という場合の選択指針をまとめてみました．

1.1　固定抵抗器の性能を表す11のパラメータ

　固定抵抗器の目的が電気抵抗値を得ることにあるのは確かですが，単に回路図に書かれたのと同じ（公称）抵抗値の製品を買えばよいわけではありません．ここでは抵抗器の性能を表すパラメータを，上記の抵抗値を含めて11個にまとめてみました．
　「ずいぶん多いな」と感じる方もいると思いますが，安心してください．実は，筆者も常に全パラメータを考えて選択を行っているわけではありません．それは一般的な回路では，改めて計算するまでもない項目もあるからです．しかし「このような回路では無視できない」というガイド・ラインを明確に理解して省略するのと，やみくもに無視するのとでは決定的な違いがあることを心に留めておいてください．

■ 抵抗値と精度
①**抵抗値範囲**　〜　品種ごとに製作可能な抵抗値の上限と下限

表1-1のように，抵抗器の品種ごとに得意とする抵抗値の範囲が違います．表のうち10Ω～1MΩの範囲をカバーする品種が多いことに注目してください．この範囲は，普通の半導体と組み合わせたときに，精度や安定度などとのバランスに優れた抵抗値範囲でもあります．

もちろん回路によっては，この範囲外の抵抗値も必要です．しかし選択の自由度は急に減っていき，0.1Ω未満や100MΩ以上の領域では，ほかの特性を犠牲にしてでも特定の品種を採用せざるを得なくなります．

②抵抗値ステップ（E系列） ～ 抵抗値の取りそろえ方（細かさ）

ほとんどの抵抗器の抵抗値のラインアップは，切りの良い整数値でそろえられているのではなく，4.7kΩのようにはんぱな数字になっています．これは**表1-2**に記したような等比数列に基づく「E系列」を採用しているからです．

抵抗値にはE3，E6，E12，E24，E96の系列がよく使われ，このE数が大きいほど，きめ細

〈表1-1〉品種ごとの抵抗値範囲

10m	100m	1	10	100	1k	10k	100k	1M	10M	100M	1G	10G [Ω]

入手しやすい抵抗値範囲
カーボン抵抗（炭素皮膜抵抗）
ソリッド抵抗
厚膜型金属皮膜抵抗
薄膜型金属皮膜抵抗
低抵抗型金属皮膜 / 高抵抗型金属皮膜抵抗
低抵抗型巻き線抵抗
巻き線抵抗
ほうろう抵抗
セメント抵抗（巻き線型）
セメント抵抗（酸化金属皮膜型）
酸化金属皮膜抵抗
メタル・クラッド抵抗
電力用金属箔抵抗
金属箔抵抗
金属板抵抗 / ガラス抵抗

> 抵抗品種は膨大であるため，この表では代表的なものの抵抗値範囲を示した．電子的なスケールは日常的な感覚ではとらえにくい．例えば表の金属皮膜系に属する抵抗器がカバーする抵抗値範囲はほぼ11桁であるが，これは赤道長に対する0.4mmの比に等しい．この表の抵抗値範囲は驚くほど広い．

かな抵抗値までそろっていることを表しています．またE3系列はE6系列に，E6系列はE12系列に，E12系列はE24系列にそれぞれ内包されますが，有効数字3桁のE96系列は独立した系列です．

　一般に高いE数をサポートする品種は，トレランスや温度係数誤差に優れる傾向がありますが，その逆は必ずしも正しくありません．

〈表1-2〉 各E系列の数値

E3	E6	E12	E24
1.0	1.0	1.0	1.0
			1.1
		1.2	1.2
			1.3
	1.5	1.5	1.5
			1.6
		1.8	1.8
			2.0
2.2	2.2	2.2	2.2
			2.4
		2.7	2.7
			3.0
	3.3	3.3	3.3
			3.6
		3.9	3.9
			4.3
4.7	4.7	4.7	4.7
			5.1
		5.6	5.6
			6.2
	6.8	6.8	6.8
			7.5
		8.2	8.2
			9.1
10	10	10	10

E96			
1.00	1.78	3.16	5.62
1.02	1.82	3.24	5.76
1.05	1.87	3.32	5.90
1.07	1.91	3.40	6.04
1.10	1.96	3.48	6.19
1.13	2.00	3.57	6.34
1.15	2.05	3.65	6.49
1.18	2.10	3.74	6.65
1.21	2.15	3.83	6.81
1.24	2.21	3.92	6.98
1.27	2.26	4.02	7.15
1.30	2.32	4.12	7.32
1.33	2.37	4.22	7.50
1.37	2.43	4.32	7.68
1.40	2.49	4.42	7.87
1.43	2.55	4.53	8.06
1.47	2.61	4.64	8.25
1.50	2.67	4.75	8.45
1.54	2.74	4.87	8.66
1.58	2.80	4.99	8.87
1.62	2.87	5.11	9.09
1.65	2.94	5.23	9.31
1.69	3.01	5.36	9.53
1.74	3.09	5.49	9.76
			10.0

網掛けはE24との共通部分

- E3〜E24系列は1〜10までを有効数字2桁で等比的に24等分した，$\sqrt[24]{10} ≒ 1.1$の倍数を基調とし，整数比分割を考慮して一部を組み替え調整したものである（2.7〜4.7の部分）．
- E3系列はE6系列に，E6系列はE12系列に，そしてE12系列はE24系列に内包される．
- E96系列は純粋な96分割の等比数列を有効数字3桁で四捨五入したもので，E24系列との重なりはほとんどない．
- E系列が等比数列である理由は，カバーすべき抵抗値範囲が極端に広いこと，どの数値に対しても隣り合う数の関係を等しくするためである．

もちろんその品種でサポートしていない抵抗値は特注扱いとなってしまい，極端に入手しづらくなります．こういった場合には特注抵抗器の発注書を書く前に，回路設計のほうを入手容易な抵抗値に合わせて変更できないかを再検討することを勧めます（**コラム1.a**）．

③トレランス ～ 抵抗の表示値と実際の抵抗値とのずれ

　トレランスとは，一般に「誤差」と呼ばれているものですが，本書では次項の温度係数と区別するため，この表現を使っています．

　トレランスは表示された抵抗値（公称値）と実際の値とのずれの最悪保証値を％単位で表示したものです．例えば公称抵抗値10kΩトレランス±1％の抵抗は，指定の条件（ここがミソ）で測定する限り全品が9.9kΩ～10.1kΩの中に入っているはずです．

　比較的大型の抵抗器にはトレランス値が直接印刷されますが，普通は略号やカラー・コードがよく使われます．後述の**表1-8**などを参照してください．

　現実の抵抗器の抵抗値は，使用する環境（とくに温度）や時間とともに変化しますが，トレランスは環境条件を一定にして規定されています．またトレランスは半固定抵抗などと組み合わせて比較的簡単に補正できます．したがって，トレランスは精度を表すパラメータの一つにしか過ぎないことを心に留めておいてください．

コラム 1.a　整数値の抵抗

　アナログ回路を設計し始めると，E系列のことは知っていても，きっちりとした整数値の抵抗が欲しくなることがあります．もちろん整数値の抵抗がこの世に存在しないわけではなく，一部の品種にはよく使われる整数値の抵抗をそろえたものもあります．しかしこれらはすぐ入手できるとは限りませんから，整数値の抵抗を発注する前に，一度設計自体を見直してみてください．

　必要なのは整数値の抵抗ではなく，整数比の関係にある複数の抵抗であるケースも多いはずです．例えば，1kΩと4kΩの組み合わせは3kΩと12kΩにならないでしょうか？

　それでも整数値の抵抗値が必要な場合もあります．しかしこの場合にも，まずE系列の組み合わせ抵抗を検討してみてください．たとえば9kΩを得るには7.5kΩと1.5kΩを直列にするとか，5kΩは10kΩを並列にするなどです．このような組み合わせを見つけるには，手作業に頼るよりパソコンで簡単な検索プログラムを作ってみるとよいでしょう．E24系列だけでもなかなか意外な組み合わせが見つかるものです．

　最後に考えるのは，半固定抵抗を併用してもよいかということです．ここまで検討しても解決手段が見つからないケースは限られていますから，調整点の数もさほど多くならないはずです．ただし半固定抵抗の温度係数には注意が必要です．良質の半固定抵抗を使い，可変範囲を欲張らず必要最低限にとどめるのがコツです．

同じトレランスでも，回路によって影響度が違います．例えば±5％のトレランスによって表示用LEDの明るさが5％程度違っても，まず気づくことはありません．しかし±5％も指示のずれたテスタは，もはや実用的ではありません．

また，ほかの部品のトレランスとのバランスが取れた設計が肝心です．例えば，時定数回路にトレランスが±20％のコンデンサと±1％の抵抗を使うのはアンバランスな設計です．また，時定数誤差の改善のために，さらにトレランスの小さな抵抗を選定するのは問題です．

④抵抗温度係数（T.C.R.）〜 温度による抵抗値の変化率

どんな抵抗器でも，温度変化によって抵抗値が変化します．この変化の割合が抵抗温度係数です．**表1-3**のように温度係数は抵抗体の種類で大きく異なり，また同じ種類の抵抗でも抵抗値によって温度係数が違います．

温度係数の表現方法も，その大きさと変化のしかたによって違います．

もっともポピュラなのは「±200ppm/℃以下」のような表現です．1ppmは100万分の1を表します（補助単位のμに相当）から，上記の場合は1℃の温度変化あたり1万分の2，つまり±0.02％以内の抵抗値変動を表します．かりに，この抵抗の動作温度を25±55℃とすれば，最悪±0.02×±55＝±1.1％の抵抗値変動を覚悟しなければならないことになります．

超高精度抵抗器では温度係数を相殺するような特殊な合金抵抗体が使われるので，抵抗値変化はごく小さく，しかも直線的に変化しません．このような抵抗器では「−55〜+85℃において±7ppm以内」のような表現がよく使われます．

逆に，温度係数がたいへん大きく一定ではないカーボン抵抗のような汎用抵抗では，温度係数自体が規定されていないこともあります．

温度係数とトレランスはよく混同されますが，トレランスの場合と違い，外部調整で温度

〈表1-3〉 おもな抵抗体の抵抗温度係数

5 [ppm/℃]	10	25	50	100	280	300	500	1000
								カーボン抵抗
					酸化金属皮膜抵抗			
				厚膜型金属皮膜抵抗				
		薄膜型金属皮膜抵抗						
		巻き線抵抗						
	金属箔抵抗							

⟨表1-4⟩ 品種ごとの定格電力範囲の例

1/16	1/8	1/4	1/2	1	2	5	10	20	30	50	100 [W]

- カーボン抵抗（簡易絶縁塗装型炭素皮膜抵抗）: 1/8 ～ 2
- チップ抵抗: 1/16 ～ 1
- 厚膜型金属皮膜抵抗: 1/4 ～ 5
- 薄膜型金属皮膜抵抗: 1/16 ～ 2
- 巻き線抵抗: 1/2 ～ 10
- 酸化金属皮膜抵抗: 1/2 ～ 10
- セメント抵抗: 2 ～ 50
- ほうろう抵抗: 10 ～ 100
- メタル・クラッド抵抗: 10 ～ 100

注：この表には本文中に出てきた代表的な品種の，あるメーカの製品の定格電力範囲を示した．

係数を簡単に小さくはできません．つまり実際に高精度アナログ回路の精度を左右するのは，トレランスではなく温度係数のほうです．

■ 最大定格と壊れ方

⑤ **定格電力** ～ 抵抗が連続して耐えられる電力

あたりまえのことですが，抵抗に電圧をかけると電流が流れてエネルギが消費され，そのほとんどは熱に化けます．これを積極的に利用するのがヒータですが，一般の抵抗器は温度が上がり過ぎると抵抗体が変性／劣化し，場合によっては発火することもあります．そこで抵抗器には，連続して耐えられる最大電力が「定格電力」として規定されています（**表1-4**）．

定格電力は解放空気中で定義されることが多く，基板実装時には少し間引いて考える必要があります．

⑥ **定格電圧** ～ 抵抗にかけることのできる最大電圧

定格電圧は定格電力と独立した，見落としやすい制限事項です．定格電圧の規格には最高使用電圧，最高過負荷電圧，最高パルス電圧の三つがあります．最高使用電圧は連続して加えられる最大電圧のことで，定格電圧と言えば普通これを指します．後の二つは，電力スイッチやサージ・キラー回路を想定した短時間の耐電圧規格です．

たいていの回路では，実質的な最高電圧は定格電力によって制限されます．しかし定格電圧の2乗を定格電力で割った値より抵抗値が大きい場合は，この定格電圧の制限のほうが有効になります．うっかりしていると，大きな事故につながるので注意が必要です．

〈図1-1〉
抵抗器の寄生パラメータ

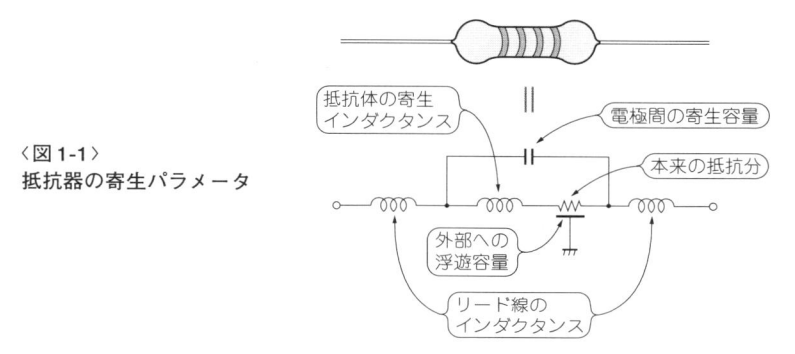

（図中ラベル：抵抗体の寄生インダクタンス／電極間の寄生容量／本来の抵抗分／外部への浮遊容量／リード線のインダクタンス）

⑦故障モード ～ 抵抗の壊れ方

　誰も抵抗器を壊そうと思っているわけではありませんが，現実の回路では完全に事故をなくすことはできません．

　事故によって抵抗器に思いがけない過負荷がかかったとき，電気的な故障モードは抵抗値が低下するショート・モードと抵抗値が上昇するオープン・モードに大別できます．回路によってはショート・モードの大電流によって芋づる式に他の部品へ被害が拡大することがあるので，必ずオープン・モードで壊れるヒューズ抵抗器が使われることがあります．

　もっと深刻なのは，発生した熱で抵抗器が燃えてしまい，火災を引き起こすことです．このため，自己消火性や不燃性の抵抗器が用意されています．

■ 理想抵抗との違い

⑧寄生インダクタンスと寄生容量～抵抗に潜むコイル成分やコンデンサ成分

　現実の抵抗器では，**図1-1**のように本来の抵抗分のほかにコイルやコンデンサの寄生成分ができてしまいます．

　コイルと同じ構造の巻き線抵抗器は大きな寄生インダクタンスをもつ典型的な例で，比較的低い周波数から障害の起こることがあります．またVHF帯以上の高周波では，溝切り型の抵抗体やリード線による小さなインダクタンスですら問題になります．

　高抵抗値の回路では，わずかな寄生容量との積で，意外に低い周波数から発振や振幅特性の乱れに悩むことがあります．また周波数が高くなるほど寄生容量による信号の通り抜けや減衰，不整合や発振などが無視できなくなります．

　これらの寄生成分は抵抗器の構造に依存しますが，カタログ上に明記されることはまずありません．また冒頭の例のように内部の構造がわかりにくいケースもありますから，注

〈図1-2〉 熱雑音

熱雑音（ジョンソン雑音）は、抵抗値をR、その絶対温度をT（0℃≒273°K）、ノイズの評価周波数幅をB[Hz]、ボルツマン定数をK（$K=1.38\times10^{-10}$[J/°K]）とすると、その大きさが$V_n=2\sqrt{K \cdot T \cdot R \cdot B}$の式で表される理論雑音である。したがって理想の抵抗器でも、絶対零度で使わないかぎり雑音を発生する。この値は小さいが、熱電対アンプなどの微小信号回路では問題になりうる。

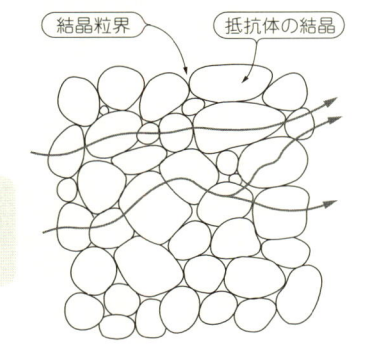

電流は結晶粒界の不連続面で散乱される。また粒界の接触抵抗は熱振動や機械振動でランダムに変化する

〈図1-3〉 結晶粒界

意が必要です。

⑨ノイズ ～ 抵抗器が発生する非理論雑音

ノイズには、いろいろな原因がありますが、そのいくつかはどんな部品を使っても解消できない理論的な雑音です。抵抗器の理論雑音のうち、もっとも代表的なのが図1-2の熱雑音です。

しかし、ここで言うノイズは抵抗器固有の雑音分のことです。一般の品種ではカタログにも雑音の規定がないことが多いのですが、これは抵抗体のミクロ的な構造に関係があります。図1-3の結晶粒界のような不連続接触面が多いほど悪いようです。

■ **そのほかの要因**

⑩寸法 ～ 抵抗器の大きさ

実際に基板や装置を作るとき、抵抗器の大きさは重要な要素です。**写真1-1**は各種抵抗器の大きさの比較です。現在では装置の軽薄短小化、高密度化につれて、抵抗器の小型化への要求から従来の1/8Wと同サイズの1/4W型抵抗や、各種の小型チップ抵抗などが登場してきました。しかし熱量の物理法則が変わったわけではありません。小型化による温度上昇やパターンからの放熱に、より一層の注意が必要です。

抵抗の小型化は短いパターン引き回しとともに、周波数特性や耐ノイズ性を向上させる

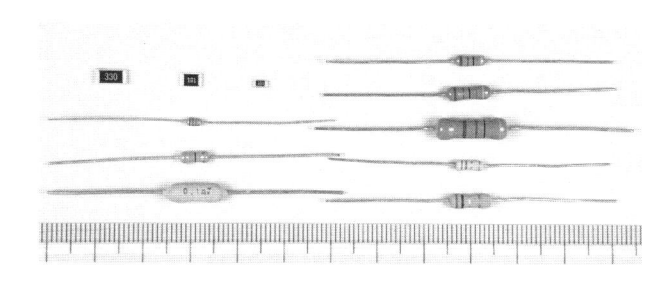

〈写真1-1〉
各種抵抗の大きさを
比較する

一面ももっています.

⑪価格と入手性 ～ やはり重要な選択要因

最後に記しましたが,抵抗選択要因の大きな部分を占めている項目に違いありません.

抵抗の価格は,1本あたり数十銭から1万円以上までの開きがあり,しかも価格と性能は直線的な関係にありません.最近は高精度金属皮膜抵抗の価格が下がってきており,回路構成の考え方もだいぶ変化しました.しかしどんなにすばらしい抵抗でも,入手困難だったり,納期が何か月もかかるのでは意味がありません.

一般に流通量の多い製品にはそれなりのメリットがあるもので,こういった部品を自分の回路にうまく取り込むことは,当の設計者にしかできない仕事でもあります.

1.2 固定抵抗器の構造とパラメータ

これまでに述べてきた選択パラメータは,価格と入手性の項目を除いても10種類もあり,その組み合わせ数は膨大なものに思えます.しかし各パラメータは抵抗器の構造によって互いに関連し合っているため,現実の品種選択はさほど煩雑ではありません.

図1-4に,抵抗器の構造例として簡易絶縁型炭素皮膜抵抗の構造を示しますが,抵抗器の構造は抵抗体の材質,抵抗体の形,外装処理の三つに分けられます.

〈図1-4〉
簡易絶縁型炭素皮膜抵抗器の
構造例

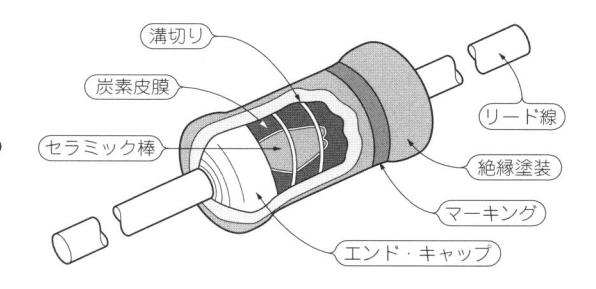

溝切り
炭素皮膜
セラミック棒
リード線
絶縁塗装
マーキング
エンド・キャップ

本章では構造によって各パラメータが現実にどういう影響を受けるかを述べることで,具体的な品種選択についてまとめてみました.

■ 抵抗体の材質

表1-5に,よく使われる抵抗体材料とその特徴をまとめてみました.表中で一般に金属皮膜系と呼ばれる抵抗体をいくつかの種類に分類していますが,これは同じ名前にもかかわらず,組成や電気的特性が大きく違うからです.

抵抗体の材質で決まる主な選択パラメータは①抵抗値範囲,④温度係数,⑨ノイズ,⑪価格と入手性などです.これからわかるように,抵抗器の主な電気的特性は抵抗体で決まってしまうと言っても過言ではありません.また抵抗体材料の物性や加工性によって次項の抵抗体の形が制限され,③トレランスなどの特性も間接的に左右します.

抵抗体の材質とおおまかな特徴は次のようになります.

● 炭素系

炭素系の抵抗材は一般に「カーボン抵抗」と呼ばれるもので,有機系の材料を熱分解して得られる皮膜系のものが主流です.1Ω～10MΩと広い抵抗値範囲をカバーし,もっとも価格が安く製造も容易なので,汎用抵抗としてもっとも流通量が多いものです.

反面,温度係数やノイズの点に問題があり,高精度や微少信号の回路には向きません.

● 厚膜型金属系

厚膜型金属系の抵抗体は,金属系の抵抗材を有機フィラと混合して塗布後に焼成するもので,皮膜に加えて印刷が可能なため,広く使われています.俗称は「金皮(キンピ)」です.

〈表1-5〉 抵抗体の性質と構造への適応性

抵抗体の種類	電気的特性			抵抗体構造の適応性					備考
	抵抗値	温度係数	ノイズ	固体型	皮膜型	印刷型	蒸着型	固有型	
炭素系	低～高	×	×	○	○	△	×	×	安価でポピュラ.特性に難あり
厚膜型金属系	低～高	○	○	×	○	○	×	×	汎用高精度.チップ抵抗にも使用
高抵抗型金属系	高～超高	△	△	×	○	×	×	×	高抵抗が得意.特性も中庸
低抵抗型金属系	超低～低	○	×	×	○	×	×	×	低抵抗高精度
薄膜型金属系	低～高	◎	◎	×	×	×	○	×	厚膜型より高精度.チップあり
酸化金属系	低～高	△	△	×	○	×	×	×	耐熱性良好.中電力に向く
金属線/リボン	低～中	○	◎	×	×	×	×	○	大電力や高精度の特殊用途に使用
金属板	超低～低	△	◎	×	×	×	×	○	超低抵抗値用
金属箔	低～中	◎	◎	×	×	×	×	○	超高安定度

注:固有型とは抵抗体固有の構造で,抵抗体名と同じ名前が付いている.

また現在の主流である汎用チップ抵抗や集合抵抗にも，このタイプの抵抗体が使われています．汎用のものでも10Ω〜10MΩの広い抵抗値範囲をカバーし，温度係数も±300〜50ppm/℃と中庸です．またノイズも炭素系より優れ，炭素系に次ぐ流通量があり，価格／入手性とも良好です．

厚膜型には抵抗体原料を工夫して低抵抗域に特化した低抵抗型や，高抵抗を得意とする抵抗体などのバリエーションがあり，全体として0.1Ω〜100MΩ以上と，抵抗器中でも最大の抵抗値範囲をカバーします．

● 薄膜型金属系

薄膜型金属系の抵抗体は，主として真空蒸着を行って抵抗体を形成するもので，先の厚膜型とは製法も特性も違います．製造設備は大がかりになりますが，抵抗材料の自由度が高く特性の良い抵抗が得られます．

抵抗値の範囲も10Ω〜1MΩ程度と広く，温度係数は±100〜5ppm/℃と優秀です．また抵抗体の連続性がよいためにノイズも小さく，高精度／小信号回路に適しています．

価格と入手性も以前よりはかなり改善されています．

薄膜型には0.1Ω〜100Ωまでの低抵抗域に特化したものがあり，温度係数などはやや悪化するものの，高精度の低抵抗として貴重な存在です．

● 酸化金属皮膜系

酸化金属皮膜系の抵抗体は，スズ系などの金属化合物を加熱酸化して得られるもので，俗称は「酸金（サンキン）」です．

抵抗値の範囲は10Ω〜数十kΩ，温度係数は±300〜200ppm/℃と中庸です．酸化金属皮膜は皮膜系としては耐熱性が高く，一回りほど小型化が可能なために，汎用の中電力用抵抗として広く使われています．また高抵抗域のセメント抵抗の内部エレメントにも使用されています．

● 金属線および金属リボン

マンガニンやニクロムなどの合金製の針金やリボン線を抵抗体とするもので，主に巻き線型として利用されます．材料の自由度が高く，温度係数は±200〜5ppm/℃と優れた性能が得られます．しかし機械的な制限から，あまり細い抵抗線は使えませんから抵抗値の範囲は0.1Ω〜数十kΩと低いほうに偏っています．また他の抵抗体と比べ，金属線や金属リボンの断面積が大きいので，瞬時の大電流にも耐えられる利点もあります．

低温度係数の巻き線抵抗は高精度抵抗の代表格でしたが，最近は他品種への置き換えが進み，だんだん入手が困難になりつつあります．

● 金属板

その名のとおり抵抗体に合金製の金属板をそのまま使ったもので，抵抗値の範囲は0.01Ω～10Ω程度と低い値が専門です．温度係数は数百ppm/℃とさほど良くありませんが，サージ電流に強いために電流検出抵抗として使われます．用途が特殊であることから，この抵抗の流通経路は限定されています．

● 金属箔

金属板型よりも薄い合金箔をセラミック板などに貼り付け，エッチング処理で抵抗体を構成したものです．材料の自由度が高く，温度係数を相殺することで25ppm/℃以下というきわめて低い温度係数の超高精度抵抗値が得られます．また抵抗値の範囲もタイプ別に0.1Ω～100kΩと広くなってきました．

しかし製造メーカが少なく，まだまだ高価なため，入手に関してはメーカに問い合わせが必要です．

■ 抵抗体の構造

抵抗体の構造を大別して，**表1-6**の8種類にまとめてみました．抵抗体の構造は自由に選べるのではなく，前項の抵抗体の材質によって制限されます．

抵抗体の構造で決まる主な選択パラメータは，②**抵抗値ステップ**と③**トレランス**，および⑧**寄生インダクタンス/寄生容量**などです．

抵抗体の構造とその特徴は次のようになります．

● 皮膜型 (溝切り型と溝なし型)

汎用抵抗としてもっともポピュラなのが，**図1-4**に代表される皮膜型です．

〈表1-6〉 抵抗体の構造の特性と外装への適応性

抵抗体の構造	代表的な特性			外装への適応性						備考
	Rステップ	トレランス	寄生L/R	簡易塗装	絶縁塗装	モールド	チップ	ケース	琺瑯	
固体型	△	×	◎	×	×	○	×	×	○	高信頼性
溝あり皮膜型	◎	◎	◎	○	○	○	△	○	×	ポピュラ
溝なし皮膜型	×	×	◎	○	△	△	△	×	×	高周波用
印刷型	◎	◎	◎	○	○	○	○	×	×	—
蒸着型	◎	◎	◎	○	○	○	○	△	×	—
巻き線型	○	△	×	△	○	○	×	○	○	高寄生L
金属板型	△	○	◎	×	×	×	×	○	×	低抵抗用
金属箔型	◎	◎	○	○	×	×	×	○	×	高精度用

皮膜型（溝切り型）ではセラミック製の棒または筒に抵抗体を形成し，これを専用のカッタで螺旋状に溝を切ることで抵抗体の長さと幅を調整し，望みの抵抗値を得ます．できあがった抵抗エレメントには，お椀型のエンド・キャップをかしめて電極とします．

　この方法では同じ皮膜形成済みの素材から多種の抵抗値を得ることができ，細かな抵抗値ステップをサポートできます．しかも厳密に溝切りを行うだけで，トレランスの小さな製品を得ることもできます．

　しかし溝切りによって抵抗体が螺旋状になり，わずかなインダクタンスと溝間の寄生容量が発生します．ごく高い周波数ではこれが顕在化するため，溝切りを行わない「溝なし抵抗」も製造されています．しかし溝なし抵抗の抵抗値は低い値に限定され，しかもトレランスが大きいので，より特性の良いチップ抵抗へと置き換えが進んでいます．

● 印刷型

　厚膜型金属皮膜や炭素系の抵抗材ペーストをセラミック基板や基板そのものに直接印刷後，加熱して抵抗体とするものです．できあがった抵抗体はレーザやダイヤモンド針でトリミングを行い，抵抗値やトレランスが調整されるので，溝切り型と同様に抵抗値ステップの細かさやトレランスに優れています．

　また抵抗体形状の自由度が高く量産性も良いので，**図1-5**のような角形チップ抵抗や集合抵抗，抵抗体間ギャップの必要な高圧抵抗（**図1-6**）などに広く応用されています．

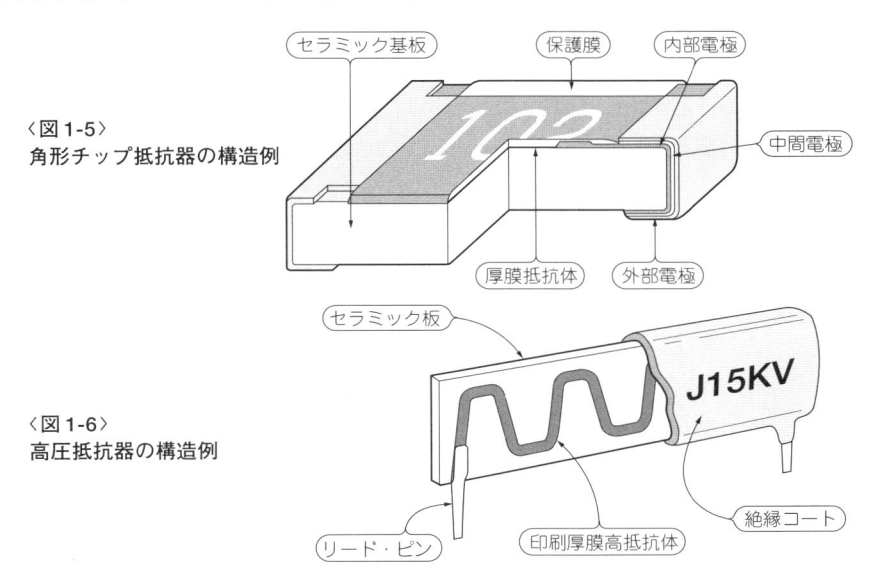

〈図1-5〉
角形チップ抵抗器の構造例

〈図1-6〉
高圧抵抗器の構造例

〈図1-7〉
巻き線型抵抗器の構造例

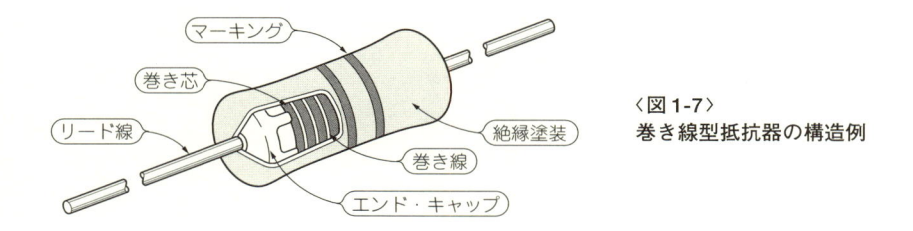

さらに寄生インダクタンスの低いパターンを採用し，トリミング量を控えめにすることで，高周波特性の良い抵抗を得ることができます．

● 薄膜蒸着型

印刷型によく似たものに薄膜蒸着型があります．これはセラミック板に抵抗体の金属薄膜を蒸着したもので，抵抗体パターンの形成は蒸着マスクまたはエッチングによります．

以後のトリミングは印刷型と同様なので抵抗値ステップやトレランスに優れています．また薄膜型特有の温度係数の小ささを併せもっているので，高精度の薄膜チップ抵抗などに使われています．

● 巻き線型

図1-7のように，セラミック製ボビンに抵抗線や抵抗体リボンを巻き付けたものです．抵抗値の調整は，抵抗材や巻き数を変える，あるいはスライダを使うなどで行うために，抵抗値のバリエーションやトレランスに制限があります．また機械的強度からあまり細い抵抗線は使えず，抵抗値の範囲も低い側に偏ります．

巻き線型の構造はコイルと同じですから，寄生インダクタンスが大きくなりがちです．無誘導巻きの製品もありますが，オーディオ周波数帯よりも高い周波数での使用は避けたほうが無難でしょう．

● 金属板型

図1-8のように，金属板の両端にリード線を溶接したものです．ほかの抵抗に比べると抵抗体は太く短くなるために，抵抗値は低い領域に限定されます．

抵抗値の調整は金属板の材質や形状を変えることで行い，製造後の調整は難しいので，抵抗値のバリエーションやトレランスはよくありません．しかし構造的に瞬時大電流に強く，寄生インダクタンスも低いために電力回路などによく使われます．

● 金属箔型

金属箔抵抗は，図1-9の構造例のように金属板型とかなり違います．機械的支持のために金属箔はセラミック板に貼り付けられ，エッチング処理で迷路のような抵抗パターンが

〈図1-8〉金属板抵抗器の構造例 　　〈図1-9〉金属箔型抵抗器の構造例

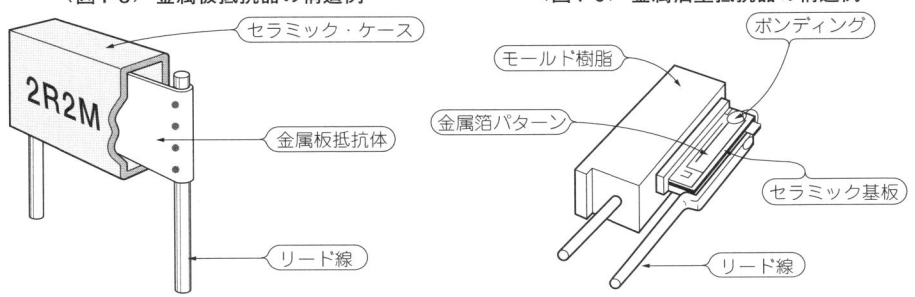

形成されます．このパターンは数学的に計画されたもので，所定の箇所を切断することにより幾種類かの抵抗値が得られます．トレランス調整も抵抗値を測りながらの調整用パターンの切断やレーザ・トリミングで行います．またリード線への接続は機械的ストレスによる抵抗値の変化を避けるため，ボンディング・ワイヤを使うなど，精度最優先の構造になっています．

■ 外装処理

抵抗器の外装処理は軽視されがちですが，信頼性や寿命に大きく関わる要因です．

表1-7は代表的な抵抗の外装とその特徴をまとめたものですが，それぞれによって⑤定格電力および⑥定格電圧，⑦故障モード，そして⑩大きさのパラメータが大きく変化します．

● 簡易絶縁型

簡易絶縁型は，図1-4のように完成した抵抗エレメントにラッカやエポキシ系のペイントを塗ったもので，主に皮膜型の抵抗器に使われます．簡易絶縁型は安価で放熱性も良く，

〈表1-7〉抵抗体の外装処理と特徴

外装処理	特徴					備考
	絶縁性	耐熱性	放熱性	機械強度	大きさ	
簡易塗装型	×	×	△	×	◎	安価で小型．しかし低信頼性
絶縁塗装型	○	○	△〜◎	△	△	難燃性，自己消火性もあり
モールド型	○	△	×	◎	△	機械強度が高く高信頼性
チップ型	×	○	×	×	◎	超小型で自動実装可
ケース型	○	○〜◎	△〜◎	○	×	難燃性が高く高信頼性
ほうろう型	△	◎	◎	△	×	耐熱性が高く放熱性がよい

〈写真1-2〉 絶縁塗装型抵抗器の外観

小型軽量であることなどから，汎用の抵抗器として多量に使われています．
　しかし簡易絶縁型の機械強度や絶縁性／防湿性は十分ではなく，ストレスで電極が外れたり，摩擦や衝撃で塗膜がはがれ，事故を引き起こすこともあります．また過負荷時の高温で塗膜が燃焼する可能性もあり，信頼性を必要とする用途には向きません．

● 絶縁塗装型

　絶縁塗装型は簡易絶縁型より入念な絶縁塗装を施したもので，中電力の皮膜型や巻き線型，高圧高抵抗などによく使われます（**写真1-2**）．
　塗装剤はエポキシ系やシリコン系など，絶縁性や放熱性，防湿性に優れ，また過負荷時でも発炎しない難燃性または自己消火性のある材料が使われます．
　機械的強度にも優れますが，簡易絶縁型に比べればコスト，形状，重量はやや大きめになります．

● モールド型

　図1-10のように，モールド型は抵抗エレメントをフェノール樹脂やエポキシ樹脂などのプラスチック，またはガラスに封じ込めたもので，さまざまなタイプの抵抗体の製品があります．またソリッド抵抗など樹脂モールドなしには成立しない抵抗器もあります．
　抵抗体は完全に絶縁体でくるまれるため，機械強度や絶縁性，防湿性および信頼性に富む外装方法です．反面，重量や形状は一回り大きめとなります．
　なおガラス・モールド型は，主に高精度の金属皮膜抵抗や超高抵抗値の抵抗器などに使われます．

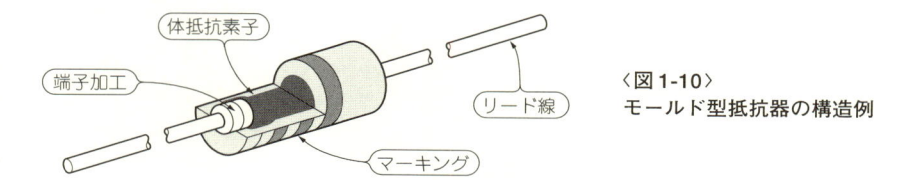

〈図1-10〉 モールド型抵抗器の構造例

〈図1-11〉 セメント型抵抗器の構造例

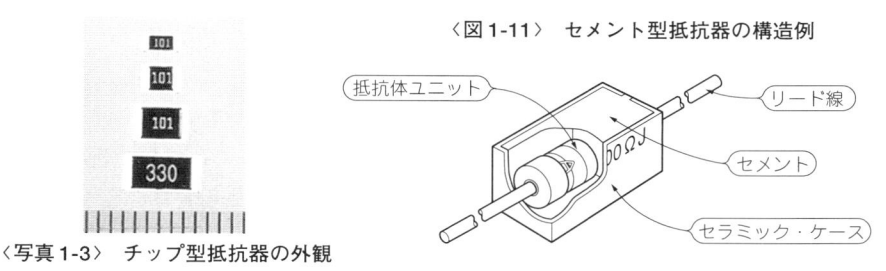

〈写真1-3〉 チップ型抵抗器の外観

● チップ型

　チップ型の抵抗器は表面実装基板に多用されます．現在の主流は，**写真1-3**のような角板型のものです．この抵抗はセラミック板上に厚膜型または薄膜型の金属皮膜抵抗体を形成した後，低融点ガラス系の保護層で封止されます．小さく切り分けられたエレメントには電極が付けられ，製品となります．

　チップ型の最大の特徴は，リード線がなく超小型軽量化が可能な点です．ただし定格電力と定格電圧は意外なほど小さいことがあるので，注意が必要です．

● ケース型

　ケース型はリード線の付いた抵抗エレメントを，セラミックやエポキシ樹脂などのケースに収め，周囲を無機材料（セメント）やエポキシ樹脂で封止したものです．

　もっともポピュラなものは，**図1-11**に示したセメント抵抗です．セメント型の抵抗体はセメントではなく，数百Ωを境に低抵抗側には巻き線型が，高抵抗側には酸化金属皮膜のエレメントが使われています．

　金属板抵抗もほぼ同じような構造であり，耐熱性と絶縁性に優れた外装方法です．

　また抵抗単体だけではなく，ケースや放熱板を使って放熱させることを前提としたメタル・クラッド抵抗（**写真1-4**）などがあります．

　金属箔抵抗の中にもケース型のものがあります．**写真1-5**は電力型の金属箔抵抗の外観

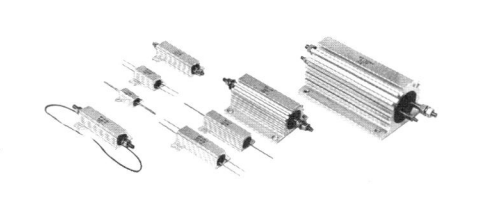

〈写真1-4〉 メタル・クラッド型抵抗器の外観

〈写真1-5〉 電力型の金属箔抵抗器の外観

です．抵抗体は薄いセラミック板を介してパワー・トランジスタに似た放熱タブに接着されています．抵抗体は機械的なストレスによって抵抗値が変化することを避けるために，柔らかい樹脂で保護コートされた上に，エポキシ系の樹脂とケースで覆われています．

● 琺瑯型

　琺瑯型は，金属線または金属リボンを使った大電力用巻き線抵抗の外装の一種です．

　琺瑯抵抗は太いセラミック筒に巻かれた抵抗体の上に，陶器に使われる釉薬を塗って焼き付けて絶縁塗膜としたもので，耐熱性と放熱性に優れています（**写真1-6**）．

　また大電力低抵抗のものでは，抵抗体リボンの片側にわかめのようなヒダを付けて放熱面積を大きくした製品もあります．

1.3　カーボン抵抗の実力を知る

　前項までは抵抗器の構造と選択パラメータの制限について述べてきましたが，それでも選択肢の多さに迷ってしまいそうに思われるのではないでしょうか．

　そこで，ここでは普通の手法とは逆に「カーボン抵抗が使えないか？」から始めてみようと思います．なおカーボン抵抗とは簡易絶縁型炭素皮膜抵抗の俗称です．

　いま選択に迷っている抵抗器の性能が，もしカーボン抵抗のスペックで十分であれば，迷うことなくこのカーボン抵抗器を使うことを勧めます．というのはこの抵抗は圧倒的に価格が安く，また入手も容易だからです．

　逆にカーボン抵抗では役不足であることがわかった場合でも，それがどの仕様について役不足かがわかれば，進むべき方向もわかります．

■ カーボン抵抗とは

　よく見かけるカーボン抵抗は，**写真1-7**のような1/8W～1/4W型のもので，クリーム色

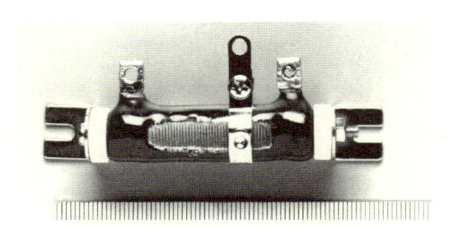

〈写真1-6〉琺瑯型抵抗器の外観 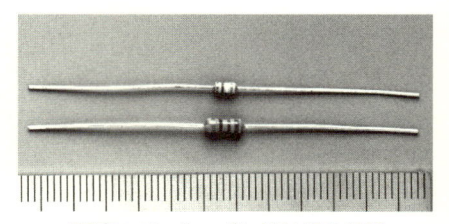　　　　〈写真1-7〉カーボン抵抗器の外観

〈表1-8〉 カラー・コード

色線	有効数字	乗数	乗数早見	誤差[%]	誤差記号
茶	1	$\times 10^1$	$\times 10$	±1	F
赤	2	$\times 10^2$	$\times 0.1$k	±2	G
橙	3	$\times 10^3$	$\times 1$k	—	—
黄	4	$\times 10^4$	$\times 10$k	—	—
緑	5	$\times 10^5$	$\times 0.1$M	±0.5	D
青	6	$\times 10^6$	$\times 1$M	±0.25	C
紫	7	$\times 10^7$	$\times 10$M	±0.1	B
灰	8	$\times 10^8$	$\times 0.1$G	±0.05	A
白	9	$\times 10^9$	$\times 1$G	—	—
黒	0	$\times 10^0$	$\times 10$G	—	—
金	—	$\times 10^{-1}$	1/10	±5	J
銀	—	$\times 10^{-2}$	1/100	±10	K
無表示	—	—	—	±20	M

カラー・コードに慣れないうちは，茶から黒までのカラー・リボン線の切れ端を使うとよい．また緑と青の間に裂け目を作っておくと直感的に把握できて便利．
誤差項の色線は太く，抵抗器端までの距離を長くしてあるが，状況の悪い製品もあるので逆読みに注意．

注：誤差±10％以上は4線式だけに，誤差±0.25％以下は5線式だけに有効．

の地に4本の色線で抵抗値（公称値）とトレランスが表示してあるものです．この色線（カラー・コード）の見方については**表1-8**を参照してください．

カーボン抵抗の抵抗体は炭素系の溝切り型で，量産性のよい抵抗です．

電極の取り付けには，抵抗体にリード線付きのお椀型キャップをかぶせたP型と，抵抗体にリード線を巻き付けたL型がありますが，現在はL型を見かけることはまずありません．以前のP型カーボン抵抗のエンド・キャップは，ちょっとひねると外れてしまったものですが，今の製品はずいぶんと丈夫になりました．

カーボン抵抗の実力と限界を知っていただくために，**表1-9**にその仕様例をまとめてみました．なお表中の定格電力を除く各パラメータは，あるメーカの1/4W型の例です．

■ カーボン抵抗では役不足のとき

表1-9から，カーボン抵抗は価格の割りになかなかの性能をもっていることがわかるでしょう．しかし，同時に温度係数や信頼度に関するパラメータは良くないことも見て取れます．

そこで，この項ではカーボン抵抗では役不足であることがはっきりした場合に，どの種類の抵抗を選択すべきかについて，問題のパラメータごとに簡単にまとめてみました．

● もっと低い抵抗値が欲しい

▲ 抵抗値の範囲が$0.1 \sim 10\ \Omega$

低抵抗型の金属皮膜抵抗や巻き線抵抗などが適しています．また同時に温度係数も改善

〈表1-9〉 カーボン抵抗器の実力

パラメータ	カーボン抵抗の値（1/4W型の例）
抵抗値範囲	2.2Ω～5.1MΩと6桁以上にも及ぶほど広い． ただし，抵抗値の両端では特性が相当荒れる．
抵抗値ステップ	標準品でもE24系列まで完備．
トレランス	±5％が標準．±2％品もある．
温度係数	カタログには明示されていないのが普通． ただし，JIS規格のZクラスの温度係数は次のとおり． ● 抵抗値が100kΩ未満のもの　：＋350/－500ppm/℃ ● 100kΩ以上1MΩ未満のもの：＋350/－700ppm/℃ ● 抵抗値が1MΩ以上のもの　　：＋350/－1000ppm/℃
定格電力	1/8W，1/6W，1/4W，1/2Wが標準．
定格電圧	1/6W型で250V，1/4W型で300V程度．メーカや定格電力で異なる．
故障モード	基本的に不定．過電圧で自己発火する恐れあり． また条件によっては同時にアーク放電の可能性もある．
寄生容量/ インダクタンス	わずかだが溝切りによるインダクタンスと，小さな寄生容量がある．使用する回路や抵抗値にもよるが，10MHz以下では実用上あまり問題になることはない．
ノイズ	ノイズに関する規定が表示されていないのが普通． 筆者の経験では，ソリッド抵抗ほどではないが多いほうに属する． ただし，民生用音響機器に多用されているように，ライン・レベルの信号回路程度ではとくに障害にはならない．
外形および寸法	基本的にアキシャル型（横型）．リード線の一部も絶縁塗装して縦型対応にしたものもある．寸法は定格電力によるが，従来の1/8Wと同サイズで1/4Wのものもある．
価格と入手性	価格はアマチュア・レベルでも1円/個以下（100本購入時）． 国内外の多数のメーカが製作しており，入手がもっとも容易．

されます．

▲ 抵抗値の範囲が0.01～0.1Ω

　中～大電流の電流検出用などに使われる抵抗値の範囲です．精度を必要としないなら，金属板抵抗が使いやすいでしょう．高精度用途には電力用金属箔抵抗がありますが，コスト・アップは避けられません．

　このような低抵抗値では，リード線や配線の抵抗分が無視できなくなります．そこで精度が必要な用途には，抵抗体両端から2本ずつ4本のリード線を取り出した「4端子抵抗」が使われます．

▲ 0.01Ω未満の抵抗値

　合金製のバーや，前述の低抵抗の並列接続などが考えられますが，それよりもこのような超低抵抗値を回避するように設計の変更を検討すべきでしょう．

● もっと高い抵抗値が欲しい

▲ 抵抗値の範囲が 1M ～ 100MΩ

　高抵抗型の金属皮膜抵抗（メタル・グレーズ抵抗）などが適しています．高抵抗値ではメーカの差が顕著ですが，抵抗値の増加につれて特性は悪化し，外形も大きくなる傾向があります．

▲ 100MΩ以上の抵抗値

　高電圧用途には超高抵抗型高圧抵抗が，微少電荷の検出用にはガラス抵抗が適しています．前者は高抵抗型金属皮膜抵抗の延長上にありますが，サイズはかなり大型になってしまいます．またこの種の抵抗を製造可能なメーカは多くありません．

　後者は優れた漏れ電流特性や耐環境性をもつハーメチック・シール型抵抗の俗称で，昔のゲルマニウム・ダイオードを大きくしたような形状をしています．こちらの製造メーカは世界で数社しかなく，入手性やコストに難があります．

　使用時にはガードや高度絶縁の技法，浮遊容量や帯電に対する高度なテクニックが要求されます．また抵抗器に素手で触れて汚染すると，この抵抗の実力を引き出せません．

＊

　不用意に高抵抗値を採用すると，抵抗の特性に加えて半導体のバイアス電流やノイズ，そして浮遊容量などの問題点を抱え込むことになります．例えば1GΩの抵抗と，たった5pFの浮遊容量で形成されるポール周波数は，約32Hzととても低い値です．

● 欲しい抵抗値がない

　カーボン抵抗は標準的にE24系列までをサポートしていますから，この原因は①**E系列にない抵抗値が欲しい**，②**目的の抵抗値は E96 系列に属する**の二つのどちらかです．

　前者のうち整数の抵抗値を探している場合は**コラム1．a**を参照のうえ，設計変更の可能性を検討してみてください．後者の場合には，後述の温度係数に優れた品種にE96系列をサポートしているものがありますから，そちらを参考にしてください．

● もっと定格電力の大きな抵抗が欲しい

▲ 定格電力が 1 ～ 5W

　多くの品種がありますので，抵抗値の範囲や精度などで使い分けます．

　0.1Ω未満の用途には金属板抵抗が，0.1 ～ 10Ωには巻き線抵抗や低抵抗値型の金属皮膜抵抗が適しています．もっとも使用頻度の高い10Ω ～ 1MΩの領域には酸化金属皮膜抵抗をはじめ多種の抵抗があります．

▲ 定格電力が 5 ～ 20W

このくらいの定格電力にはセメント抵抗が多用されます.このクラスの発熱量は小型のはんだごてと同程度ですので,基板実装の場合は基板の変性やはんだの融解を避けるために,浮かせて実装するなどの対策が必要です.

▲ 定格電力20W以上

このような大電力用途には琺瑯(ほうろう)抵抗やメタル・クラッド抵抗の出番となります.ただし発熱量が大きいために,きちんとした放熱設計が必要です.

抵抗器を定格電力ぎりぎりで使うと抵抗体はかなりの高温になり,抵抗の寿命を縮めたり,やけどなどの原因にもなります.発熱量に比べ,定格電力に余裕のある品種を使うことで抵抗体の温度を下げて信頼性を向上させ,寿命を延ばす考え方を「ディレーティング」と言います.また,

[実際の電力]÷[抵抗の定格電力]×100

を「ディレーティング率」と言います.

● もっと定格電圧の大きな抵抗が欲しい

▲ 定格電圧の低い抵抗

カーボン抵抗の定格電圧は1/4W型で300V,1/6W型で250V程度ですが,最初はこれより定格電圧の低いチップ抵抗の例を挙げましょう.チップ抵抗の定格電圧はメーカや品種

コラム1.b　抵抗値の表示について

個々の抵抗器には,少なくとも「抵抗値」と「トレランス」が表示されています.これらの表示方法には,(1)～(3)の3種類があります.

(1) 直接表示

大電力用など,比較的外形の大きな抵抗器には直接数字が印刷されていますが,小数点が消える事故を防ぐために,2.2Ω±10%を[2R2K]と表示することがあります.

この"R"は小数点(Round)の略で,最後の"K"は補助単位ではなく誤差コードです.また,4.7kΩ±5%の場合は[4K7J]となります.

(2) 数字コード表示

外形の小さな抵抗器では,文字数の少ない数字コードが使われます.数字コードは,

[抵抗値有効数字]+[抵抗値の乗数]+[誤差コード]

の構成になっています.また抵抗値の有効数字には,精度に合わせて2桁と3桁があります.

前者の場合,例えば"222J"は,はじめの22が有効数字,三文字目の2が乗数(後に付ける0の数)ですから,抵抗値は$22 \times 10^2 = 2200\Omega = 2.2k\Omega$です.また最後の"J"からトレランスは±5%です.

高精度抵抗の場合は有効数字が3桁となります.

<表1-10>
チップ抵抗器の定格電圧の例

大きさ	定格電圧	定格電力
2125サイズ(2.0mm×1.25mm)	100V	1/10W
1608サイズ(1.6mm×0.8mm)	50V	1/16W
1005サイズ(1.0mm×0.5mm)	25V	1/16W

ごとに微妙に違いますが,サイズに関係があります.

表1-10に,あるメーカの厚膜型チップ抵抗の例を示します.消費電力が低い用途でも,小型チップ抵抗は商用電源の回路(ネオン・ランプの制限抵抗など)には使えないことがおわかりでしょう.

▲ 定格電圧300V〜1kVの抵抗

リード線付きの,ほとんどの抵抗がこのクラスに属します.なおサージ・キラーなどでは電源電圧の数倍程度の定格電圧を必要とすることがあります.また電池駆動のモバイル・パソコンのバック・ライト用電源にも150〜350V程度の電圧が使われますので,定格電圧に余裕のある品種選択が必要です.また信頼性の観点からは絶縁塗装型の品種が適しています.

▲ 定格電圧が1kVを越える抵抗

カラー・テレビやCRTなどの高圧アッテネータやブリーダ抵抗には比較的精度のよい

例えば"2211F"は,抵抗値が$221 \times 10^1 = 2210 \Omega = 2.21 k\Omega$,トレランスは±1%ということになります.なお,E24系列以下に属する抵抗値でも通常品との区別のために,例えば47kΩ±0.5%を"4702D"のように表記することもあります.またチップ抵抗のように外形がとくに小さい場合には,誤差コードが省略される場合もあります.

(3) カラー・コード表示

外形が小さく曲面の多い抵抗器では,数字コードに代わってカラー・コードが使われています.これは,しばしば初心者の頭痛の種になります.

カラー・コードは,(2)の数字コードを色線へ置き換えたものです.例えば「茶赤橙金」は,数字コードに直すと"123J"ですから12kΩ±5%となります.同様に5色線の「黄紫緑茶茶」は,"4751F"から4.75kΩ±1%です.

(4) 複数の表記が共存するために誤解が生じることもある

例えば,大きめの抵抗器に"100K"とだけ書かれている場合,100kΩで誤差が無表示なのか,それとも10Ω±10%なのかと,判断に迷います.

またカラー・コードでは,誤差項の色線の太さをやや太くし,抵抗器端から離して逆読みを防いでいますが,状況の悪い製品もときどきあります.誤差項が金や銀であったり,逆読みをするとE系列にない数値になる場合は良いのですが,例えば「茶黒黒赤茶(10kΩ±1%)」を逆読みすると120Ω±1%と読みとれてしまいます.

金属皮膜系の高圧抵抗が適しています．

　高圧抵抗の外形には，細長いことを除けば数Wの皮膜抵抗そっくりのものや長方形板状のものなどバラエティに富みますが，いずれも絶縁塗装が厚く，しっかりしています．

● もっとトレランスの良い抵抗が欲しい
▲ トレランスが±10％以上
　カーボン抵抗のトレランスは±5％ですが，参考のため紹介します．このカテゴリに属するのはソリッド抵抗や溝なし抵抗，角板型高圧抵抗，一部の金属板抵抗などです．これらはその特徴を生かすために，抵抗製造の最終段階でトレランス調整ができない「訳あり」の品種です．

▲ トレランスが±5％
　カーボン抵抗以外に，酸化金属皮膜抵抗などの多くの品種がこのカテゴリに属します．
　なお温度特性の優秀な品種の中にも±5％のランクを用意するものがあります．
　これは抵抗値の変動は避けたいが過剰なトレランスは不要な用途，例えばソフトウェアによる自己校正機能内蔵の計測器などに対応するためです．

▲ トレランスが±1％～±2％
　汎用の厚膜型／薄膜型の金属皮膜抵抗がこのカテゴリに属します．また汎用のチップ抵抗のトレランスもこのランクが主流になっています．

▲ トレランスが±0.1％～±0.5％
　薄膜型の金属皮膜抵抗か高精度型巻き線抵抗，あるいは金属箔抵抗の領域です．なお±

コラム 1.c　正しい抵抗の壊し方？

　回路設計者の常として，設計中はいつも目的の回路がうまく動いているイメージを頭に浮かべながら設計作業を進めています．しかし部品には寿命がありますし，不慮の事故も起こり得ます．とくに社会インフラに属する装置などでは，故障の際の回路の壊れ方までを考慮した設計が必要な場合があります．

　かつて先輩に聞いたところ，「カタログを見るより実験したほうがいいよ．それから火であぶるより，実際に過大入力をかけると本当のことがわかるよ．」との答えが返ってきました．

　そういうわけでメーカの方々には申し訳ないのですが，新しい抵抗サンプルをいただくたびに過負荷をかける習慣がついてしまいました．こうすることで抵抗体の気化による破裂やアーク放電なども観察することができます．ただし実験にあたっては破片や火花を避ける透明ケースや保護眼鏡はもちろんのこと，予想外の高電流に対するヒューズなどの保護手段，そして壊した抵抗への供養が必要です．

0.1％をサポートする品種の抵抗値範囲は，温度係数の関係から制限があります．
▲ トレランスが±0.05％以下
　主として測定器や校正機器に使われるもので，金属箔抵抗か超精密型の巻き線抵抗に限定されますが，かなり高価となり，入手も難しくなります．
● もっと温度係数の小さな抵抗が欲しい
▲ 温度係数が明示されていない抵抗
　カーボン抵抗やソリッド抵抗などは，温度係数が大きく，抵抗値によってかなりばらつくためか，一部の製品を除きカタログにも温度係数が表示されていません．
　なお，JIS-C6402には炭素皮膜抵抗の温度係数規定があります．手もちの抵抗がこの規格を満たしているとは限りませんが「この程度」という指針にはなります．
▲ 温度係数が±200ppm/℃を越える抵抗
　金属板抵抗や高抵抗型抵抗など，抵抗値の両極端に使われる多くの抵抗がこのカテゴリに属します．これはその抵抗値範囲を考えればしかたのない値とも考えられます．
　ただし，これらの品種の中には温度係数の優れたものもあります．
▲ 温度係数が±100～±200ppm/℃の抵抗
　使用温度幅を±50℃として，温度変動が±1～2％以内となるクラスです．酸化金属皮膜抵抗や電力型巻き線抵抗，汎用の厚膜型金属皮膜抵抗などがこの領域に属します．
▲ 温度係数が±25～±100ppm/℃の抵抗
　薄膜型の金属皮膜抵抗や巻き線抵抗が適しています．なお温度係数が小さいほど，抵抗値範囲が制限されてきます．
▲ ±25ppm/℃程度より温度係数の小さな抵抗
　単独の抵抗でこのような低い温度係数が得られるのは，金属箔抵抗か超精密級の巻き線抵抗，あるいは特殊な薄膜型金属皮膜抵抗に限られます．これらの品種の抵抗体に共通するのは，異種金属の組み合わせで温度係数を相殺する構成を採っている点です．したがって温度係数の単調性が失われ「－25℃～＋85℃で±5ppm以下」のように，温度範囲中の最大偏差を規定するのが普通です．
● もっと故障モードや信頼性に優れた抵抗が欲しい
▲ 故障時には必ずオープン・モードにしたい
　各種のヒューズ抵抗が発売されています．抵抗体との組み合わせについては，メーカのカタログを参照してください．
▲ 発火を防止したい

難燃性または自己消火性の塗装型か,モールド型の抵抗を使用します.また上記のヒューズ抵抗も有効です.なお炭素系などで,故障時にアーク放電するものもありますので注意してください.

▲ 信頼性の保証された抵抗を使いたい

　人工衛星に搭載されるような電子機器は,軌道上で「ちょっと部品交換」などというわけにはいきません.それほどではないにしろ航空機や人命に関わる安全装置,国防や基幹通信線用途には「型式認定番号」の付いた「信頼性保証型金属皮膜抵抗」が発売されています.ただし,とても高価で数か月の納期がかかることを覚悟しておいてください.

　また一般産業用途であっても,振動や塵埃および湿度/温度などの環境条件の厳しいケースがあります.この場合にも上記の「信頼性保証型」に準ずるプラスチック・モールド外装の金属皮膜抵抗や巻き線抵抗が適しています.

第2章
可変抵抗器および
半固定抵抗器の構造と性能

　この章では，可変抵抗器や半固定抵抗器の基礎知識について説明していきます．

　もともと可変抵抗とは「製造後に抵抗値を変更できる抵抗器すべて」を指しますが，本書では便宜上，**写真2-1(a)**のようにシャフトやスライダが付いていて，ユーザが頻繁に調整することを前提としたものを可変抵抗（ボリューム）と呼んでいます．

　これに対して**写真2-1(b)**のように調整溝があるだけで，ユーザ調整を制限したものを半固定抵抗器と呼ぶことにします．

　可変抵抗には電気的な仕様に加えて，機構上のバリエーションやスイッチなどのオプションが無数にあり，種類は膨大なものになります．そこで本書では煩雑さを避けるため，可変抵抗の電気的仕様だけを述べることにします．これに対し半固定抵抗は汎用品がほとんどで，機械的にも比較的互換性が保たれています．可変抵抗器や半固定抵抗器の基本は固定抵抗器と同じですが，摺動部特有のパラメータもあり，頭を悩ましそうです．

　本章では，第1章での固定抵抗の選択基準を十分理解していることを前提に，可変抵抗器と半固定抵抗の選択について二つのステップで解説していきます．

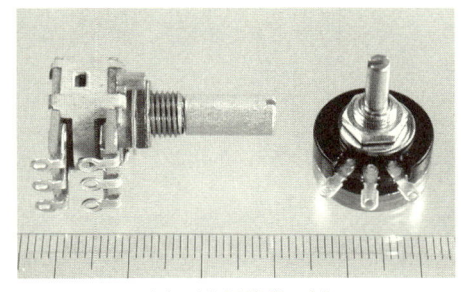

　　　　(a) 可変抵抗器の例　　　　　　　　　　(b) 半固定抵抗器の例

〈写真2-1〉可変抵抗器および半固定抵抗器の外観

40　　第2章　可変抵抗器および半固定抵抗器の構造と性能

　2.1ではまず，可変抵抗器および半固定抵抗の選択に必要な仕様を15のポイントに絞ってまとめます．2.2では可変抵抗器および半固定抵抗の基本構造ごとに特徴を述べ，これらの組み合わせを使って品種を絞り込めるようにしました．

　なお本書で取り上げなかったものに摺動部のない半導体ボリュームがあります．半導体ボリュームは，ミニコンポの音量調節やインテリジェント機器内のトリマなどに普及しつつあります．しかし，電子ボリュームと可変抵抗器および半固定抵抗器との関係は，半導体スイッチと機械式スイッチのように互いに一長一短があり，今後とも共存していくものと思われます．

2.1　可変抵抗器と半固定抵抗器の性能を表す15の選択ポイント

　ここでは，可変抵抗器および半固定抵抗器の選択に必要なパラメータについて説明します．まず最初は，固定抵抗器と類似なパラメータを固定抵抗との対比を行いながら説明し，続いて可変抵抗器および半固定抵抗特有のパラメータについて述べます．

　もし，よくわからない項目がありましたら，第1章の「1.1 固定抵抗器の性能を表す11のパラメータ」を参照してください．パラメータの中には可変抵抗器と半固定抵抗器で傾向が異なるものがあります．特に区別していない場合は共通の内容になっています．

コラム2.a　可変抵抗や半固定抵抗の端子番号

　回路図上の可変抵抗や半固定抵抗に，1〜3の端子番号が付けられていることがあります．このうち2番端子は摺動子（ワイパ）を意味します．また操作側から見て調整部を時計回り（CW:ClockWise）に回転すると，2番端子が近づく側の端子が3番端子，逆に反時計回り（CCW:Counter-ClockWise）に回すと近づく側が1番端子です．

　製品にも，この端子番号やCW/CCWの表記がつけられているのが普通です．

　設計のとき，時計回りに回すと何かの量，例えばゲインなどが増えるように配慮すると違和感がありません．ただしオシレータなど，変化させる量は周波数かそれとも周期かという考え方の違いで，まったく逆の接続になってしまいます．

　なお半固定抵抗の中には絶対値モードで使うことを想定して，3番端子のない品種もあります．また多連の可変抵抗の中には配線工数削減のために，1番端子同士がすでに接続されているものもあります．反対に抵抗カーブの変形やラウドネス・コントロールなどの目的で4個以上の端子をもつものもありますが，1〜3番の端子番号は同じです．

■ 固定抵抗器と類似なパラメータ

① 全抵抗値範囲 ～ 調整で得られる最大抵抗値の上限と下限

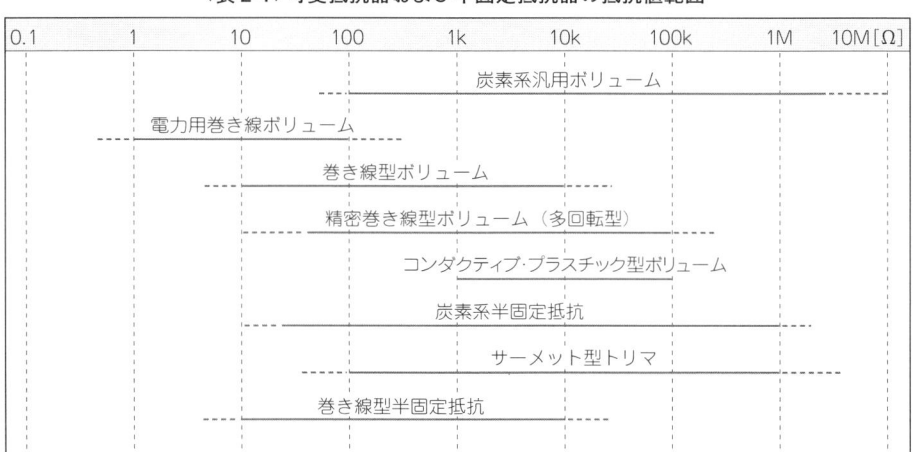

可変抵抗器および半固定抵抗器の抵抗値を最大にしたときの値を全抵抗値と呼びます．「×△kΩのボリューム」の値は，この全抵抗値を表しています．

品種ごとに製造可能な全抵抗値の上限と下限が全抵抗値範囲で，これは固定抵抗器の抵抗値範囲に相当します．表2-1のように，可変抵抗器および半固定抵抗器では使用可能な抵抗材やサイズの制限から，固定抵抗器の抵抗値範囲より，かなり狭くなります．

② 全抵抗値ステップ ～ 最大抵抗値の取りそろえ方

固定抵抗の抵抗値ステップに相当するものです．可変抵抗器および半固定抵抗器ではE系列ではなく，1-2-5ステップの抵抗値でラインアップされているのが普通です．

1-2-5ステップの中間値をサポートする品種もありますが，これはセミ・カスタム品と考えたほうがいいでしょう．

③ トレランス ～ 表示値と実際の全抵抗値とのずれ

これも全抵抗値について定義されています．可変抵抗器および半固定抵抗器では，摺動の関係で溝切りやトリミングによる全抵抗値の調整が困難なため，汎用品では±10～20%が普通です．

固定抵抗器のトレランス調整に使われることもある半固定抵抗器自身のトレランスがあまり良くないことは，ちょっとパラドクスめいた事実です．

〈表 2-1〉可変抵抗器および半固定抵抗器の抵抗値範囲

範囲 [Ω]	種類
100 ～ 10M	炭素系汎用ボリューム
1 ～ 100k	電力用巻き線ボリューム
10 ～ 100k	巻き線型ボリューム
10 ～ 1M	精密巻き線型ボリューム（多回転型）
100 ～ 1M	コンダクティブ・プラスチック型ボリューム
10 ～ 1M	炭素系半固定抵抗
10 ～ 1M	サーメット型トリマ
10 ～ 100k	巻き線型半固定抵抗

〈図2-1〉可変抵抗器には端子間の定格電圧と各端子-シャフト間の定格電圧がある

可変抵抗器には各端子間の定格電圧の他に，各端子とケース（シャフト）間の定格電圧にも注意しなければならない．例えば電子調光回路やCRTの焦点調節などに，不適切な品種を使うと感電などの事故を引き起こす恐れがある．このような用途に，樹脂製のケースやシャフトを使い，端子-ケース間の定格電圧を高くした製品がある．

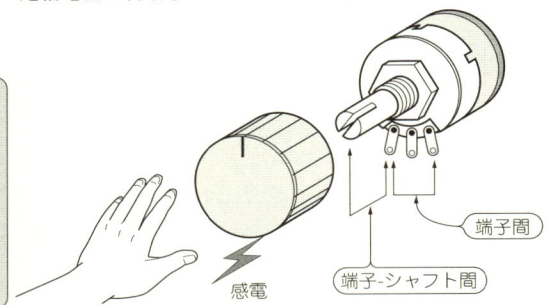

④ **温度係数** ～ 温度による全抵抗値の変化率
▲ 可変抵抗器
　耐摩耗性から抵抗材の種類が少なく，高精度の巻き線型を除いてあまり良くありません．炭素系のものは温度係数が明示されていないのが普通です．
▲ 半固定抵抗器
　主流のサーメット型は±200ppm/℃程度と厚膜型の金属皮膜抵抗と同程度です．

⑤ **定格電力** ～ 連続して耐えられる電力
▲ 可変抵抗器
　サイズにより1/10W程度から，電力巻き線型のように数十Wの物まであります．
▲ 半固定抵抗器
　調整用途のため，1/2W以下が普通です．

⑥ **定格電圧** ～ 連続して耐えられる電圧
▲ 可変抵抗器
　固定抵抗器の最大使用電圧に相当します．**図2-1**のように，電極間の定格電圧に加えて電極-ケース（シャフト）間の定格電圧があります．
▲ 半固定抵抗器
　固定抵抗器に準じますが，数百V以上のものは一般的ではありません．

⑦ **故障モード** ～ 可変抵抗の壊れ方
　可変抵抗器および半固定抵抗器とも，いちばん多いのは摩耗や接触不良によって摺動電極がオープン・モードになることです．そのため回路設計のほうで，万一オープンになってしまっても，大きな被害が及ばないような構成を心がけなければなりません．

⑧ **寄生インダクタンスと寄生容量** ～ 固定抵抗より大きめの寄生パラメータ

▲ 可変抵抗器

巻き線型,特に高精度型では分解能の関係から巻き数が多く,大きめのインダクタスをもちます.また固定抵抗に比べて摺動部の金具や抵抗体の表面積から寄生容量も大きくなります.したがって,ビデオ帯域以上での使用は困難です.

▲ 半固定抵抗器

可変抵抗と同じように,巻き線型ではインダクタンスに注意が必要です.また可変抵抗ほどではありませんが,寄生容量もやや大きめになります.

⑨ **ノイズ** 〜 ガリ・オームにご注意

▲ 可変抵抗器

抵抗体自体のノイズは材料に左右されます.それよりもスライダの摺動雑音のほうがはるかに深刻です.しばしばバリアブル・レジスタをもじって「ガリ・オーム」と揶揄されます.

摺動バウンスの小さなコンダクティブ・プラスチック型や,摺動子が抵抗体をこすらないデテント型などもあります.また不要な直流バイアスを流さないなどの回路上の工夫も必要です.

▲ 半固定抵抗器

調整後の特性は固定抵抗器なみですが,やはり直流バイアスと最大摺動回数には注意が必要です.

⑩ **寸法** 〜 固定抵抗より大きめ

▲ 可変抵抗器

外形は規格化されたものとメーカ独自のものがあります.摺動機構のため,いずれも同定格の固定抵抗器の体積より大きくなります.シャフトやスライド長,および電極には多くのバリエーションがあります.

▲ 半固定抵抗器

メーカ間で寸法互換性のあるものがほとんどです.小型の表面実装用の製品はたいへんデリケートで,取り扱いに細心の注意が必要です.

⑪ **価格と入手性** 〜 規格品とセミ・カスタム品

▲ 可変抵抗器

電気的および機械的な仕様から操作フィーリングまでの要素によって,価格も数十円から十万円を超えるものまで多種多様です.また流通している可変抵抗は,RVシリーズなどの少数の規格品を除き,ほとんどは大量発注が必要なセミ・カスタム品と思ってさしつかえないでしょう.

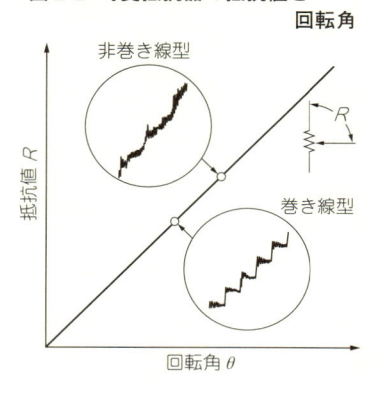

〈図2-2〉可変抵抗器の抵抗値と回転角

〈図2-3〉抵抗値の変化特性

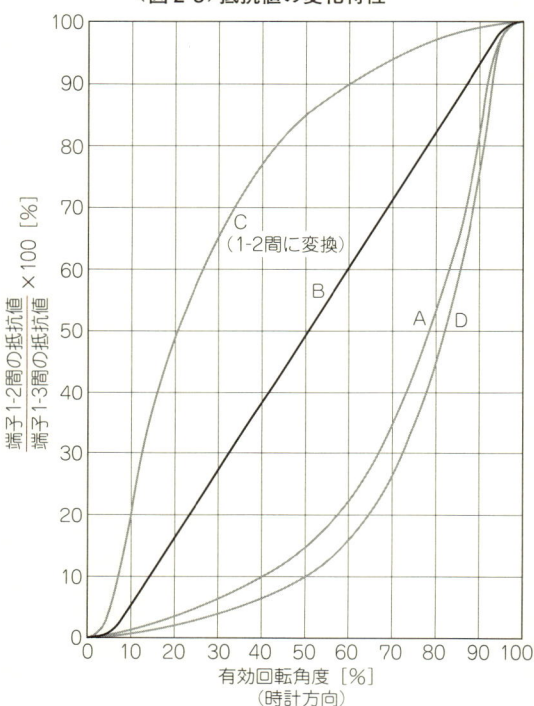

▲ 半固定抵抗器

　価格は抵抗材や回転数によって違いますが，数十円～数百円と可変抵抗ほどの開きはありません．特殊なものを除きメーカ間で互換性のあるものが多く，入手も比較的容易です．

■ 可変抵抗器および半固定抵抗器特有のパラメータ

⑫ **分解能と設定性 ～ 抵抗体のきめ細かさと調整の限界**

　分解能は，抵抗体のきめの細かさを全抵抗値に対する％単位で表したものです．

　図2-2のように，巻き線型やデテント型ではとびとびの抵抗値になるために重要ですが，それ以外の抵抗体ではほぼ無限小となり，あまり意味をもちません．

　これに対し設定性は，実際に調整するときの摺動子や減速ギアを含む回転機構のガタやたわみによる設定限界をパーセント表示したもので，実用上はこちらのほうが重要です．

⑬ **抵抗カーブと偏差 ～ 回転角と抵抗値の関係**

▲ 可変抵抗器

　例えば単回転型の製品の場合，1番-2番端子間の抵抗値は時計回りの回転で増加します．このときの回転角と抵抗値のカーブにはさまざまな種類があります．

　図2-3は，代表的な抵抗カーブです．このうちBカーブは回転角に対して直線的に変化する，もっとも標準的なものです．

　Aカーブは「はじめチョロチョロ，なかパッパ」式のカーブで，オーディオの音量調節に適します．これは人間の耳が対数特性をもつために，Bカーブを使うと回しはじめで急に音量が上がるように感じられるからです．

　ちなみに回転中央での全抵抗値に対する端子間抵抗は，Bカーブの50%に対しAカーブでは15%にしかすぎません．

　CカーブはAカーブと対称形のカーブであり，DカーブはAカーブより非直線性の強いものです．抵抗カーブの中には複数ユニットの連動を前提にしたものもあります．もっとも有名なのは左右のバランス調整に使われる，**図2-4**に示すHカーブでしょう．

　カーブ偏差は，理想のカーブと実際の製品とのずれを%単位で表したものです．Bカーブの偏差は全回転角中の最大値を表示しますが，そのほかの非直線カーブでは代表的な回転角だけの定義になるのが普通です．

　普通の用途で偏差を気にする必要はありませんが，ダイヤルを併用した精密な設定が必要な計測器や制御機器では，この偏差が問題となります．

▲ 半固定抵抗器

　調整用として使われるため，特殊なものを除いてBカーブになっています．

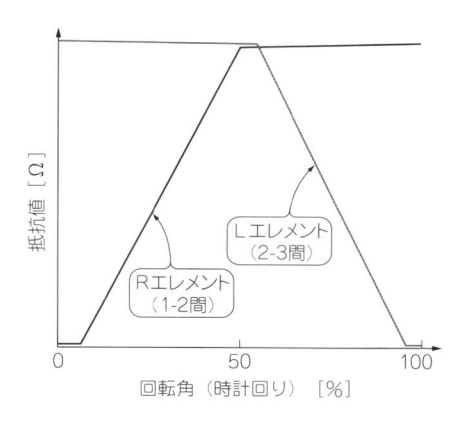

〈図2-4〉
左右のバランス調整に使われる
Hカーブ

⑭ 残留抵抗 〜 完全にゼロにならない抵抗値

　摺動子をどちらかの端に設定した場合，可変抵抗器および半固定抵抗器の1番-2番または2番-3番間の抵抗値は0Ωであるべきですが，現実には若干の抵抗分が残ります．これが残留抵抗です．この原因は，
（1）摺動子が物理的に抵抗体の端に達していない
（2）電極の抵抗や摺動子の接触抵抗
などです．なお摺動子の接触抵抗は時間とともに悪化します．

⑮ 回転寿命 〜 何回まで調整できるか

▲ 可変抵抗器

　たいていの場合，回転寿命は抵抗体がすり減ったり摺動子の接触抵抗が増加することで制限されます．品種の違いにより，数百〜数十万回までのバリエーションがあります．

▲ 半固定抵抗器

　内部調整に使われる部品なので，抵抗体の耐摩耗性から数回〜数百回のものがほとんどです．小型テレビ受像器の色調整ボリュームなどは外形は可変抵抗ですが，回転寿命を考えれば半固定抵抗の部類に属すると筆者は考えます．

2.2　可変抵抗器および半固定抵抗器の分類と特徴

　可変抵抗器や半固定抵抗器の種類自体はとても多いのですが，それぞれを構成要素ごとに整理してみると案外シンプルになります．また15項目の選択ポイントも可変抵抗器や半固定抵抗器の構造に関連があり，不要な煩雑さを避けることができます．
　ここでは，可変抵抗器や半固定抵抗器を構成要素ごとに分類してその特徴を述べ，それぞれの組み合わせで最適な品種を絞り込むようにしました．なお，前項と同じように，可変抵抗器と半固定抵抗器で固有の傾向をもつものがあります．特に区別していない場合は共通の内容になっています．

■ 抵抗体による分類

　抵抗体で決まる主な選択パラメータは①抵抗値範囲，③トレランス，④温度係数，⑧寄生インダクタンスと寄生容量，⑨ノイズ，⑪価格と入手性，⑫分解能と設定性，⑮回転寿命など多岐にわたります．固定抵抗器の場合と違うのは，可変抵抗器や半固定抵抗器の抵抗体は，耐摩耗性や耐蝕性などで制限され，種類が少ないことです．

● 炭素系 〜 もっとも安価で歴史ある抵抗体
▲ 可変抵抗器

印刷でさまざまなカーブの抵抗体が再現性よく製作できるため，民生用などに多用されています．炭素系の抵抗体は実績があり，また次々と改良が加えられてきました．

抵抗値の範囲も100Ω〜10MΩと広く，価格や入手性に優れています．実用上の回転寿命はメーカや品種で大きな差があります．専業メーカの製品には回転寿命が長いものが多いのに対し，なぜか家電部門をもつ大メーカの製品には割り切りのよすぎる製品があります．

なお炭素系抵抗体の温度係数は大きいので，抵抗比モード以外の使い方では十分な注意が必要です．

▲ 半固定抵抗器

温度係数の大きさなどから，コストの厳しい民生用以外では，ほとんど使われなくなってきました．

● サーメット系 〜 半固定抵抗の主流
▲ 半固定抵抗器

金属材料とセラミックの混合物を使った厚膜金属皮膜系の抵抗体です．"Cermet"という名前自体もセラミック（Ceramic）と金属（Metal）の合成語です．

印刷法が使え，抵抗値範囲は50Ω〜10MΩと広く，温度係数も±200ppm/℃程度と優れるために，半固定抵抗の主流となっています．その反面回転寿命は低く，可変抵抗にはあまり使われていません．

● 巻き線型 〜 高精度に向く抵抗体

巻き線型の抵抗体は合金抵抗線をC型または，螺旋状の支持体に一定のピッチで巻き付けたものです．巻き線型の分解能は有限で，形状も大きくなりがちです．また固定抵抗器と同じように寄生インダクタンスが大きく，抵抗値が低いほうに偏っているなどの注意点があります．しかし，巻き線型の抵抗体は耐摩耗性に優れ，過渡的な大電流にも耐えられます．しかも温度係数の小さな抵抗線を使うことで，他の抵抗材料では得られない高安定度の製品が製作可能です．

▲ 可変抵抗器

電力用の大型のもの（**写真2-2**）と多回転ポテンショメータ（**写真2-3**）などの高精度品に特化しており，いずれも高価な部類に属します．

▲ 半固定低抵抗器

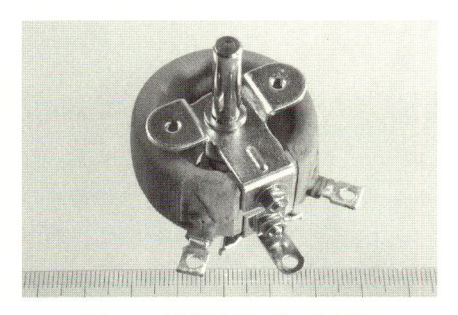

〈写真2-2〉電力型巻き線可変抵抗器 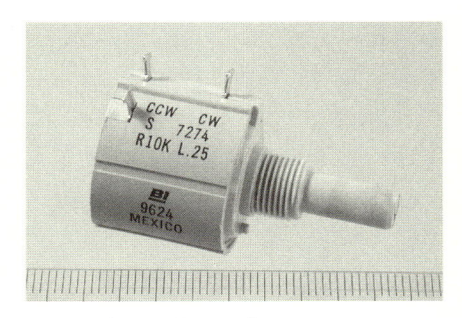　　〈写真2-3〉多回転ポテンショメータ

大型で高価なことから，小さな温度係数が必要な用途に限定して使われます．

● コンダクティブ・プラスチック型 〜 耐久性と接触ノイズおよび操作感に優れる

▲ 可変抵抗器

　抵抗体に導電性プラスチックを使ったものです．耐摩耗性に優れ，またスライダのバウンスが小さいため，接触雑音が小さいという特徴があります．

　しかし抵抗体の温度係数は大きく，あまり低い抵抗値は得られないという欠点もあります．このためサーメット型抵抗体と組み合わせて欠点を補ったハイブリッド型もあります．

　コンダクティブ・プラスチックの抵抗体は位置検出用ポテンショメータやプロ用のミキサなど，低トルクでスムーズな動きが必要な特殊用途にも使われています．

● デテント型 〜 分解能は低いが耐久性に優れる

▲ 可変抵抗器

　抵抗部と摺動部分を分離したもので，摺動子は抵抗体上ではなく抵抗体につながったストライプ状のプリント接点部分を動きます．正確に言えば可変抵抗というよりは，図2-5のような抵抗回路つきのロータリ・スイッチに近い構造です．

　分解能は低いのですが，抵抗体の摩耗がなく残留抵抗も低く安定しているという特徴があります．また薄膜型金属皮膜などの高精度抵抗材が使え，レーザ・トリミングで厳密なトレランス調整も可能です．このため精度や耐久性が必要で分解能自体は有限でもよいオーディオのマスタ・ボリュームや，マニュアル一眼レフ・カメラの露出機構などに使われています．

　なお，他形式のボリュームにクリック・ストップ機構だけを付けたものは，本来のデテント型ではありません．

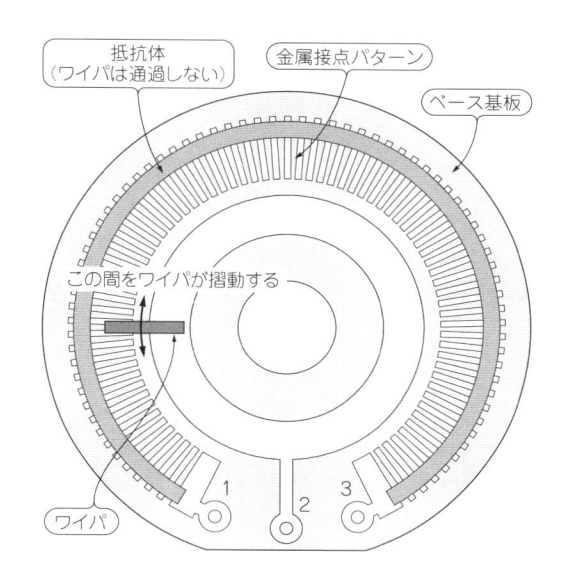

〈図 2-5〉
デテント型可変抵抗器の抵抗体

（図中ラベル：抵抗体（ワイパは通過しない）／金属接点パターン／ベース基板／この間をワイパが摺動する／ワイパ／1　2　3）

■ 単回転か多回転か

　回転型の可変抵抗器および半固定抵抗器の最大回転角が360°未満のものを単回転型，それ以上のものを多回転型と呼びます．多回転型では何回転で抵抗体端まで動くかを「10回転型」のように表します．もちろん人間にとっては多回転型のほうが微妙な調整が行いやすいのですが，実際の設定性はまた別のファクタとなります．

● 単回転型 ～ 通常用途用

　通常の用途には，機構が簡単で安価な単回転型が使われます．

▲ 可変抵抗器

　操作が迅速で，目盛が入ったつまみを取り付ければ現在の回転角（設定量）が直感的に把握でき，ユーザ・インターフェースに優れています．

　その反面，微妙な調整が必要な用途には適しません．このような場合は微調用可変抵抗（バーニア）を併用するか，後述の多回転型を使用するほうがよいでしょう．

▲ 半固定抵抗器

　メーカ間の互換性に優れ，入手が容易です．また図2-6のように，調整溝の方向で設定量が把握しやすい点は可変抵抗と同じです．

　実質的な調整範囲は，回路定数の配分で決まります．必要最小限の可変範囲になるような設計をすれば，ほとんどの場合は微妙な調整を回避できるはずです．

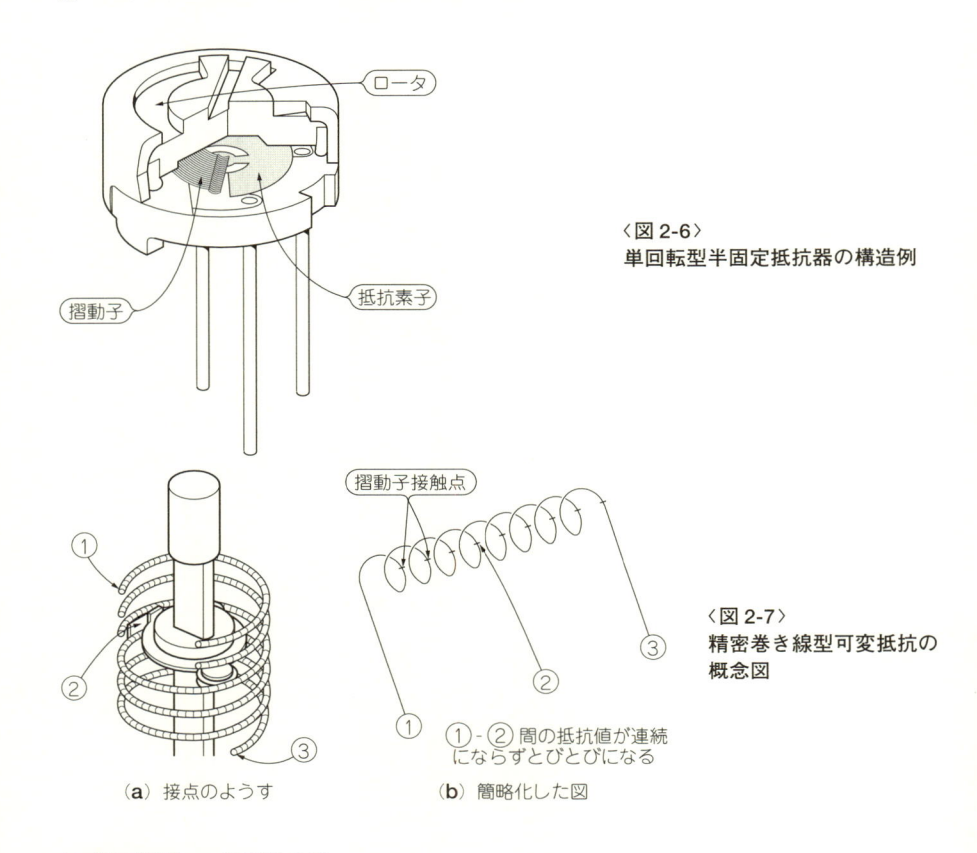

〈図2-6〉
単回転型半固定抵抗器の構造例

ロータ
摺動子
抵抗素子

〈図2-7〉
精密巻き線型可変抵抗の概念図

摺動子接触点

(a) 接点のようす　(b) 簡略化した図

①-②間の抵抗値が連続にならずとびとびになる

● 多回転型 ～ 精密設定用
▲ 可変抵抗器

　フル・スケールの1%以下の微妙な設定が必要な用途には多回転型が適しています．このような用途では抵抗安定性や直線性が同時に求められることが多く，**写真2-3**のような精密巻き線型の製品が多用されます．

　図2-7のようにこのタイプの抵抗体は螺旋形をしており，摺動子もこれに沿って移動します．そのため抵抗体長が長く，設定性に優れています．

　しかし形状は大きくなり，価格も単回転型とは比較にならないほど高価になります．また多回転型では現在の回転数と位置がわかりづらいので，メータなどの表示手段と一緒に使うか，専用のカウント・ダイヤルが必要になります．

　ちなみに，360°以上の検出角をもつ抵抗型回転センサも多回転型の一種です．この用途に

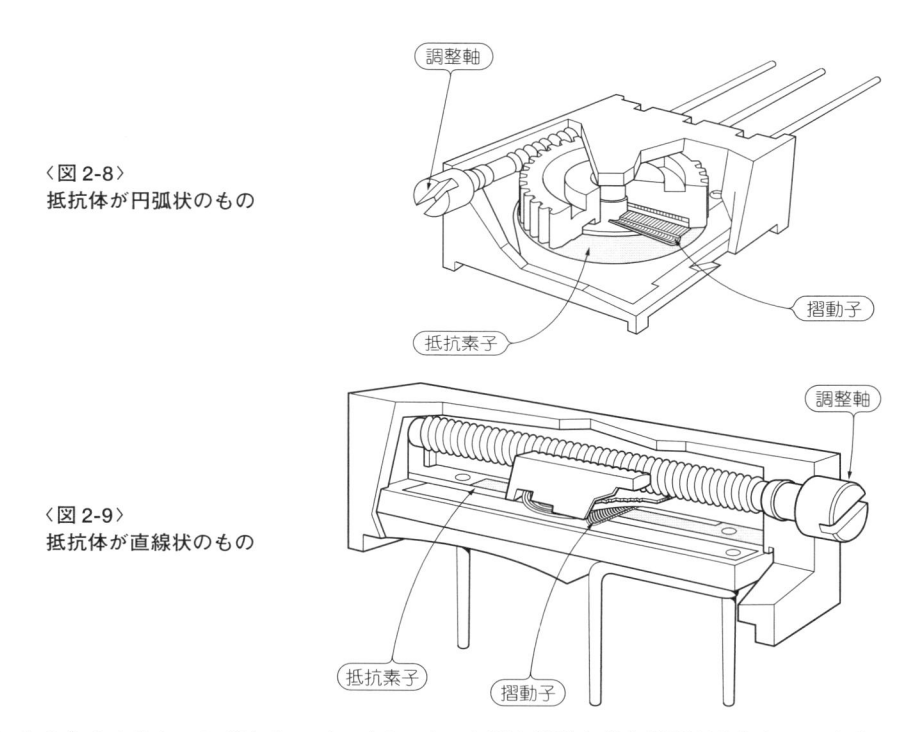

2.2 可変抵抗器および半固定抵抗器の分類と特徴

〈図2-8〉
抵抗体が円弧状のもの

〈図2-9〉
抵抗体が直線状のもの

は,トルクの小さなコンダクティブ・プラスチック型や特殊な巻き線型が使われています.

▲ 半固定抵抗器

センサのばらつきを補正するなど,広範囲で厳密な調整が必要な場合には多回転型を採用することになります.こちらもサーメット型が主流で,抵抗体パターンが円弧状のものと直線状のものがあります.

前者は,図2-8のように摺動部にウォーム・ギアの減速機構があること以外は,単回転型と同等のコンパクトなものです.調整作業は楽ですが,バック・ラッシュなどにより設定性は単回転とさほど変わらないのが実状です.また現在の設定量を視覚的に知るのは構造上困難です.

後者は,図2-9のようにワイパの付いたブロックを,送りねじで直線的に動かすようになっています.細長い外形をもち配置の自由度は低いのですが,設定性は改善されています.また上部カバーが透明なものは調整量の確認が容易です.

巻き線型のものは温度係数や信頼性に優れていますが,コストや外形の点では不利になります.内部構造は可変抵抗のものと同じですが,より回転数の少ないものが主流です.

Appendix 1　抵抗比モードと絶対値モード

　可変抵抗器や半固定抵抗器の使い方は，抵抗比モードと絶対値モードに大別されます．前者に使われるものをポテンショメータ，後者に使われるものをレオスタットと呼ぶことがあります．

●抵抗比モード

　抵抗比モードは，電圧を分割する使い方です．図2-Aのように1番端子をGNDに，3番端子を電圧源V_iにつなぐと，2番端子の電圧V_oは，回転角によって$0 \sim V_i$まで変化します．またこの可変抵抗器（半固定抵抗器）の全抵抗をR_tとすると，2番端子から見たインピーダンスは$0 \sim R_t/2$まで変化し，中間回転角でもっとも高くなります．

　特徴的なのは2番端子には，R_tに関係なく$0 \sim V_i$までの電圧が得られることです．とくに2番端子の負荷のインピーダンスを$R_t/2$に比べて十分高くすれば，V_oは抵抗カーブだけに依存します．これは全抵抗値のトレランスや温度係数が良くない可変抵抗や，半固定抵抗にとってありがたいことです．また直流使用時の摺動接点の移行も小さく抑えられます．

　ただし，有害ガスの侵入などで摺動接点が劣化すると，2番端子がハイ・インピーダンスとなります．例えば図2-Aの回路では，U_1の入力端子のバイアス電流の行き先がなくなり，U_1は飽和してしまいます．そこでバイアス逃がし抵抗R_1を付けるなどの回路上の工夫が必要です．また高周波回路ではインピーダンス・マッチングや位相特性などの制約が多く，抵抗比モードでの使用は困難です．

●絶対値モード

　図2-Bのように，抵抗値の変化そのものを使うものです．固定抵抗器のトレランス調整にも使われます．ただし図2-BのV_oは$0 \sim V_i$の全範囲にはなりませんし，回転角とV_oは直線的な関係にありません．また可変抵抗や半固定抵抗のトレランスや温度係数は特性に

〈図2-A〉抵抗比モード

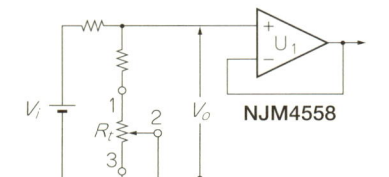

〈図2-B〉絶対値モード

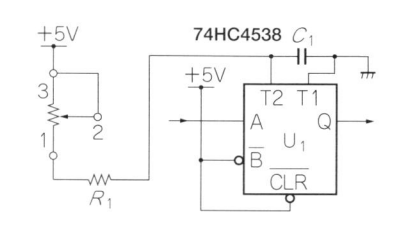

〈図2-C〉
R_1 がないと IC を壊す場合がある

反映されるので，品種の選定は重要です．

　さて，図2-Cのワンショット回路の例で，もしR_1がないとどうなるでしょう．その答えは「設定時間が短いほうにシフトする」ではなくて，「最短の時間設定をしようと可変抵抗を回しきるとICが壊れてしまう」です．また接点が劣化してしまった場合，2番端子はハイ・インピーダンスになりますが，図2-Cの回路では3番端子を電源につなぐことで，ワンショット動作が停止してしまう事故を防げます．

　なお，2番端子に定常的な直流電流を流すと接点金属の移行が進み，寿命が短くなりますから，定数設計は慎重に行わなければなりません．また，やむなく数mA以上の直流電流を流す場合には，摺動子側が"＋"になるように回路構成を調整します．

第3章
集合抵抗の構造と性能

　集合抵抗は一つのパッケージ内に複数の固定抵抗素子を収めたものです．個別の固定抵抗の代わりに集合抵抗を使う目的は，大きく分けて二つあります．

　第一の目的は，**省面積化や省力化**にあります．例えば，ディジタル・バスにはプル・アップや終端などで同じ抵抗回路の繰り返しが多数必要な場合があります．しかし個別の抵抗では基板占有面積や部品点数が膨大になり，たいへんです．このような場合に集合抵抗を使えばコンパクトになるし，部品数やはんだ付け点数も大幅に削減できます．

　第二の目的は，**パッケージ内の抵抗素子のペア性を利用して，アナログ回路の高精度化を図る**ことです．アナログ回路では抵抗値自体ではなく，複数の抵抗比が精度を決めてしまうことがよくあります．このような回路ではペア性の保証された集合抵抗を利用することで，コストを抑えながら精度を向上させることができます．

　そこで本章では，この二つの目的に分けて集合抵抗を説明することにしました．

3.1　小面積化や省力化のための集合抵抗

　抵抗値の精度や安定度にはあまりうるさくなく，小面積化や省力化を図りたい回路には厚膜型の集合抵抗がもっとも適しています．

■ 厚膜型集合抵抗の概要：もっともポピュラな集合抵抗

　厚膜型の集合抵抗は，抵抗体に厚膜チップ抵抗と同じ金属皮膜系の材料を使用したものです．印刷法で自由度の高い抵抗体パターンを作ることができ，また材料の選択で幅広い抵抗値の範囲がカバーできます．

　厚膜型集合抵抗の抵抗値範囲は数十Ω～1MΩと広く，抵抗値ステップもE12系列に加えて，終端抵抗によく使われる抵抗値が標準でラインアップされています．トレランスも±

3.1 小面積化や省力化のための集合抵抗

〈図3-1〉
コモン型集合抵抗

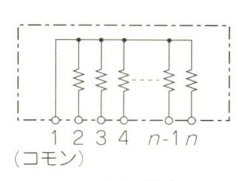

(a) 内部構造

(b) 外観

2～±5%, 抵抗温度係数は±100～±250ppm/℃以下が標準ですから, この目的には十分過ぎるほどです. またロジック電圧での使用を前提とすれば, 定格電力が素子あたり1/4W程度, 定格電圧は25～100V以下というのは適当な値です. ただし, パッケージ内の合計電力の規定があることには注意が必要です.

なお, 一部の製品では温度係数に±50ppm/℃程度の素子間トラッキング特性を保証したものもあります. これは後述の薄膜型に及びませんが, 数ビットの簡易D-Aコンバータなどを構成するときに重宝します.

■ 厚膜集合抵抗の回路とパッケージ

厚膜型集合抵抗の内部回路やパッケージは, 省力化や省面積化の目的に合わせていくつかのパターンに分類できます.

● コモン型

全抵抗素子の片側が共通(コモン)端子に内部接続されたものです. 図3-1に示すように, プル・アップやプル・ダウンに適します.

ディスクリート品では基板へ縦に取り付けるシングル・インライン・パッケージ(SIP)

〈写真3-1〉
表面実装用のコモン型集合抵抗[BIテクノロジー㈱]

〈図3-2〉対角にあるコモン端子

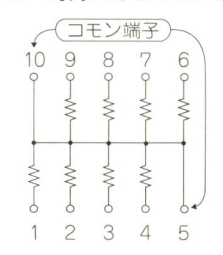

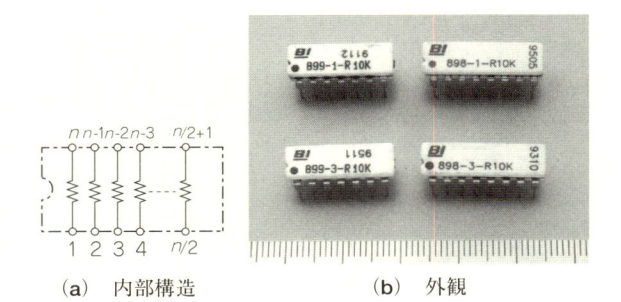

(a) 内部構造　　　　(b) 外観

〈図 3-3〉 個別型集合抵抗

型の 4〜10 素子が主流ですが, CPU バス用に 16 素子や 32 素子の製品も流通しています.
　ピン数は, 素子数 + 1 であり, はんだ付けポイントは個別抵抗の約半分に削減できます. また 14 ピンや 16 ピンの DIP 型の製品もあり, 素子数は 13 素子または 15 素子となります.
　写真 3-1 のように, 表面実装用ではチップ抵抗を横に連結したようなパッケージが主流で, 電極部分が凸型に出たものと凹型のものがあります. 8 素子 (10 ピン) を単位としたものが標準です. コモン電極は対角に 2 個設置され, パターンの引き回しを楽にしています (**図 3-2**).

● 個別型
　内部配線がなく, 各素子がばらばらに封入されたものです. **図 3-3** のように LED の電流制限抵抗や各種バスのダンプ抵抗に適します.
　ディスクリート品では, 7 素子や 8 素子の DIP 型が主流ですが, 個別抵抗と比べてもピン数は同じで実装面積もあまり変わりません. しかし基板に IC ソケットを付けておけば, 複数の抵抗値を一括して変更できるので, 試作基板などの場合にはとても便利です. また, 基板面積の削減のために 2 枚の SIP 型をはり合わせたようなデュアル SIP 型も普及してきました.

〈図 3-4〉 終端型集合抵抗

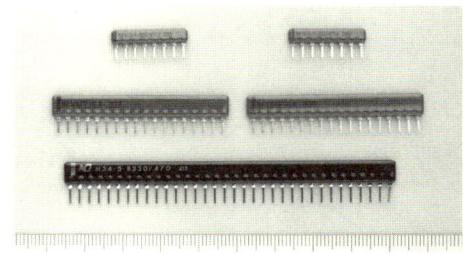

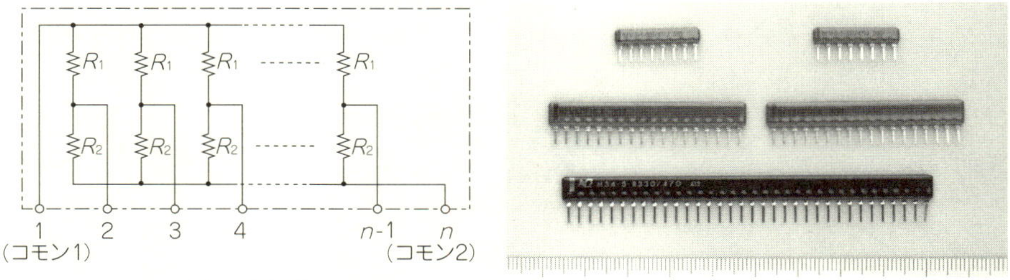

(a) 内部構造　　　　(b) 外観

〈図3-5〉 *R-2R*ラダー型集合抵抗

(a) 内部構造　　　　　　　　(b) 外観

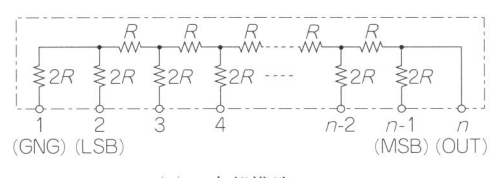

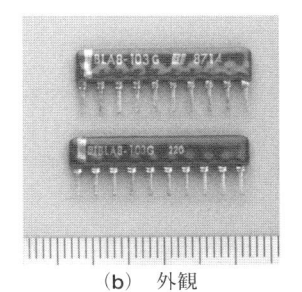

　表面実装用の外形はコモン型と同様ですが，実装機の関係から4素子（8ピン）が標準的で，CPUバスにはこれを複数個並べることになります．

● 終端型

　高速ディジタル・バスの信号反射を抑える終端抵抗専用です．図3-4のように2種類の抵抗素子が別々の共通端子に接続しています．これは2個のコモン型に相当し，基板面積やピン数をさらに約半分に削減できます．2種類の抵抗値の組み合わせは膨大な数になりますが，標準品の抵抗値は220Ω/330ΩなどVMEバスやSCSIバスのようなメジャーな規格に対応した数種に限られ，それ以外は特注品扱いとなります．

　ディスクリート品では専有面積の小さなSIP型が主力です．16素子（10ピン）などがよく使われますが，SCSIバスの終端など，ユーザが挿抜するものにはDIP型が使われます．表面実装用ではコモン型と同様のパッケージに16素子を集積したもの（10ピン）などがよく使われます．

● *R-2R*ラダー型

　*R-2R*ラダー回路は，D-Aコンバータの基本回路の一つです．図3-5のように抵抗値*R*とその倍の2*R*の抵抗をはしご形に接続したものです．

　図3-6のように，74ACシリーズなど出力電圧が電源いっぱいまで振れるロジックICと*R-2R*ラダー型の集合抵抗を組み合わせれば，簡単なD-Aコンバータが構成できます．また，アナログ・スイッチとの組み合わせでディジタル可変アッテネータも構成できます．

　4～8ビットのものがありコストも多少違いますが，8ビット用の1種類だけで低ビット数の回路にも対応可能ですし，精度の点でも有利です．

　抵抗値*R*は10kΩ，25kΩ，50kΩ，100kΩが標準でバリエーションが少なく，また高めの抵抗値になります．パッケージは，ディスクリートでは6～10ピンのSIP型，表面実装用には16ピンのSOPパッケージが一般的です．

〈図 3-6〉
簡易型 D-A コンバータ

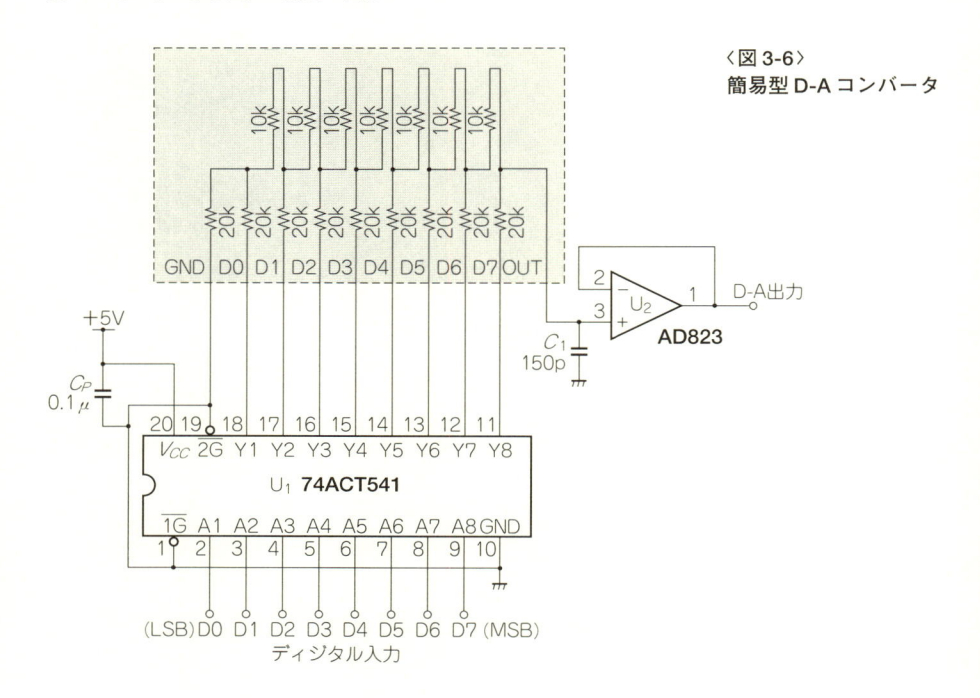

　R-$2R$ ラダー回路の精度は抵抗値そのものではなく，素子間の抵抗比の正確さで決まります．しかも素子誤差の寄与率はビットの重み付け（$1/2^n$）に左右されますから，実質的な精度は上位ビットの素子精度が支配的で，下位ビットの誤差は圧縮されます．このため厚膜型でありながら，非直線誤差を±1/2LSB以下，相対温度係数を±25ppm/℃以内と比較的小さな値に収められます．

3.2　精度向上のための集合抵抗

　アナログ回路の演算精度は抵抗値そのものではなく，複数の抵抗比で決まることがほとんどです．個別の抵抗では難しい相対誤差の低減も，ペア性の保証された薄膜型や金属箔型の集合抵抗をうまく使うことで，比較的簡単に実現できます．

■ 薄膜集合抵抗の概要：双生児の抵抗

　薄膜金属皮膜型の抵抗体は精度に優れ，薄膜集合抵抗の素子単体の（絶対）トレランスは

コラム 3.a　基板内の終端

　CPUのクロック周波数が20MHzを超えたころ「これはたいへんだ」と思ったことがあります．20MHz のクロックがディジタルらしい波形であるには，少なくともその4倍の80MHzの通過帯域が必要になります．これはFM放送なみの周波数です．ディジタルの世界にも部品をつないだだけでは動作しない時代がきてしまったのです．

　本書を書いている時点で，普及型パソコンのCPUクロック周波数は400MHz，バスは100MHzです．通過帯域はUHF帯へ移行し，基板内の信号反射による誤動作が現実問題になっています．こうなると基板パターンのインピーダンス計算や基板内終端が不可欠です．例えば，厚み1.6mmのガラス・エポキシ4層基板（外層基板厚み0.5mm，ε_r = 4.7，内層ベタ・アース）の表面に0.15mm幅の単独パターンを引くと，インピーダンスは約110Ωで，400MHzの基板上のλ/4は約10.5cmです．

　比較的小さな基板でも，この程度の引き回しはありますから要注意です．

　これを2/5V_{CC}で終端するには180Ω/270Ω程度の組み抵抗が必要です．またロジック信号を完全整合すると振幅不足になりますが，そのままでは再反射を招くので，送出側にも数十Ωのダンプ抵抗が必要です．クロックや制御線だけでなく，バス・ラインの基板内終端も必要になってくると，アクティブ・ターミネータとともに，終端用集合抵抗の出番が多くなってくると思われます．

ランクにより±0.1～±1％，温度係数は±25～±50ppm/℃と良好です．

　しかし薄膜集合抵抗の最大のメリットは，小面積中に複数の素子を同時に作り込んでいるために，素子間の特性がごく似通っている点にあります．素子間の相対トレランスは±0.05～±0.1％，相対温度係数差は±5ppm/℃以下など，個別抵抗では得難いすばらしい特性を示します．ただし，抵抗値範囲は100Ω～100kΩ程度と厚膜型よりやや狭めです．

　抵抗値ステップはE12系列に加えて，1-2-5ステップなど整数比の得られやすいものがあります．定格電力や定格電圧は厚膜型と同じですが，せっかくの温度係数特性をむだにしないためには自己発熱を抑えて使うほうが良いでしょう．

■ 薄膜集合抵抗の回路とパッケージ
● 同一抵抗値のセット

　全素子の抵抗値が同じもので，薄膜型集合抵抗の基本型です．

　図3-7のように，素子数はSIP型で2～8素子程度，DIP型やSOP型で4～15素子が標準です．パッケージ内の配線は，アナログ回路での用途を限定しないように施されていないか，最小限の接続になっている製品が大半です．

第3章 集合抵抗の構造と性能

〈図3-7〉 同一抵抗値のセット

(a) SIP型薄膜集合抵抗

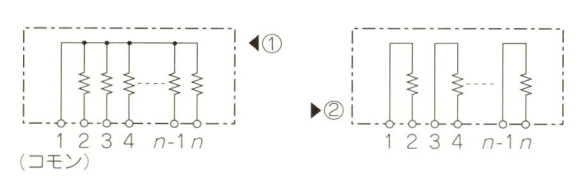

(b) SIP型薄膜集合抵抗の内部構造

(c) DIP型薄膜集合抵抗

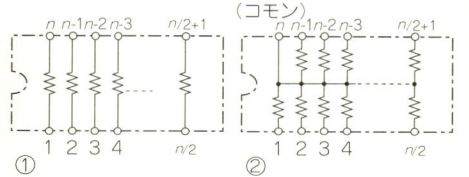

(d) DIP型薄膜集合抵抗の内部構造

〈図3-8〉 同一抵抗値の素子4本以内で得られる抵抗比

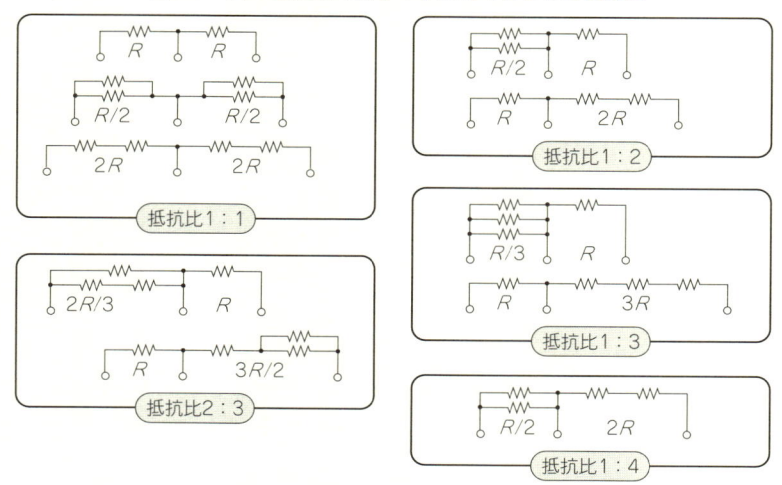

抵抗比1:1

抵抗比2:3

抵抗比1:2

抵抗比1:3

抵抗比1:4

抵抗値Rの抵抗素子4個以内で得られる抵抗比は，上記の5種類である．素子数を増やせば，組み合わせ数は飛躍的に増加する

各素子の抵抗値はみな同じですが，複数の素子を図3-8の例のように直列/並列に組み合わせることで，いろいろな抵抗比が得られます．この組み合わせについては，文献27などを参考にするか，パソコンで簡単なプログラムを組んでみることをお勧めします．

しかし，上述のように集合抵抗がすばらしい相対誤差特性を発揮するのは，同一パッケージ内の素子に限ってのことです．同じ製品でも，パッケージ間にまたがった素子の場合は，せっかくの神通力が消えてしまいます．

● 異種抵抗値のセット

図3-9の例のように，抵抗値の異なる素子が組み込まれたものです．同一抵抗値のものとの違いは抵抗体パターンの形やトリミング量だけで，素子間のペア性は保たれています．したがって高精度品の相対トレランスは±0.1％程度，相対温度係数差は±5ppm/℃程度と優秀です．ただしパッケージあたりの素子数は2～4素子程度と少なく，抵抗値範囲も単一抵抗値のものより，やや狭くなります．

抵抗値の組み合わせはE12系列内の中から任意に選べるものや，整数比の素子の組み合わせのもの，そしてアッテネータに適した対数比のものがあります．しかし同時に素子を作り込む必要から極端な抵抗比は得られないか，得られたとしてもペア性がよくないという制限があります．

異種抵抗値の組み合わせ数は膨大になるために，ほとんどが受注生産品となりますが，1：9や1：10，−3dBなど汎用性の高い製品にはセミ・カスタム品扱いの製品がありますから，

〈図3-9〉 異種抵抗値の組み合わせ

メーカや代理店に問い合わせてみるといいでしょう．

● *R-2R*ラダー型

　用途や内部配線は厚膜型と同じですが，薄膜型では温度特性に優れるため6〜12ビットの製品が中心です．非直線誤差も±0.5〜±1.5LSB以下と，より高精度な製品が発売されています．ただしRの値のバリエーションはほとんどありません．

　パッケージはディスクリートなら8〜14ピンのSIP型，表面実装用には16ピン程度のプラスチックSOPが一般的です．

　なお薄膜ラダー集合抵抗の精度を活かすには，ロジック出力を直接つなぐのではなく，アナログ・スイッチで高精度の基準電圧または基準電流をスイッチする必要があります．

第4章
固定コンデンサの知識

　コンデンサは抵抗器と並んで基本的な電子部品ですが,製造販売されているコンデンサの種類は,抵抗器のそれよりさらに多いのです.見方を変えれば,現実の製品は理想コンデンサからはほど遠いのです.したがって机上の理論ではない回路を設計するには,コンデンサの選択ポイントの理解と,品種ごとの得意分野をよく知っておかなければなりません.
　本章は,大きく二つの項目に分かれています.第一項では抵抗器のときと同様に,固定コンデンサの14の選択パラメータについて述べます.第二項では固定コンデンサの構造とパラメータとの関係を,誘電体を中心に説明します.
　抵抗器と違うのは,コンデンサは時間とともに変化する電流を扱うことです.できれば簡単な交流理論について書かれた参考書を併読されることをお勧めします.

4.1　固定コンデンサの性能を表す14のパラメータ

■ 静電容量と精度
① 静電容量値の範囲 〜 品種ごとに製作可能な静電容量値の上限と下限

　コンデンサの選択でまず最初に考えるのが静電容量値であるのは,抵抗器の場合の抵抗値と同じです.しかしコンデンサでは**表4-1**のように静電容量値範囲の狭い品種が多数あります.これは静電容量を増やすには,誘電体の材料や厚みが同じなら対向面積を増加するしかないからで,これは直に外形寸法や価格に反映され,制限となります.したがって希望の容量値に合わせてコンデンサの品種をこまめに選択する必要があります.
　さて静電容量の単位はF(ファラッド)ですが,**表4-1**を見てもわかるように,この単位は実用上大き過ぎます.そこでp(ピコ)やμ(マイクロ)などの補助単位が使われますが,なぜか国内では,nFやmF単位の表現をあまり使いません.また海外の文献やCADなどでは10 nFや2.2 mFと書くところを,日本では0.01 μFや2200 μFのように表現するのが普

第4章 固定コンデンサの知識

〈表4-1〉さまざまな品種ごとの静電容量範囲

| 1p | 10p | 100p | 1000p | 0.01μ | 0.1μ | 1μ | 10μ | 100μ | 1000μ | 0.01 | 0.1 | 1 | 10[F] |

- マイカ
- 低誘電率系セラミック
- スチロール
- ポリプロピレン
- ポリフェニレン・サルファイド
- ポリエステル（マイラ）
- 高誘電率系/半導体系セラミック
- 非個体型アルミ電解
- 両極性アルミ電解
- 個体アルミ電解
- 個体タンタル電解
- 湿式タンタル電解
- 電気二重層型

注：コンデンサの品種は膨大であるため，代表的なものの静電容量範囲を示すにとどめた．また表中の各コンデンサには，構造や目的別にさまざまな製品群があり，同一品種で上記の容量範囲をカバーしているわけではない

通です．

② 静電容量ステップ ～ 静電容量の取りそろえ方

　静電容量値のラインアップにも抵抗器と同様にE系列が採用されています．しかし前記のようにコンデンサの容量調整は難しく，抵抗のように同一素材からトリミングでさまざまな値の製品を作り分けることは困難です．そういうわけで，コンデンサでは細かなラインアップをそろえるのは難しく，E6またはE3系列が普通になっています．また，よりE数が小さい系列に属する値のほうが入手しやすい傾向は抵抗器より強いと言えます．

　回路を設計するときはコンデンサの静電容量ステップは粗いものと考え，例えば時定数回路では抵抗値のほうで譲歩するようなパラメータ設計が標準的です．

③ 容量トレランス ～ コンデンサの表示値と実際の静電容量とのずれ

　コンデンサでは製造後のトリミングで容量調整ができないのが普通なので，汎用品のトレランスは±5～±20％とさほど良くありません．またパスコンなどに使われる高誘電率系セラミック・コンデンサのトレランスは，**表4-2**にあるように－20％～＋80％と抵抗では想像もつかない値です．

　容量トレランスも半固定コンデンサの併用で補正可能ですが，サイズ上，数千pFを越えるものは現実的ではありません．したがって補正を行わなくても良い回路にするか，補正

〈表4-2〉
容量トレランス

(a) 10pF以下の場合

略号	色	誤差[pF]
C	灰	±0.25pF
D	緑	±0.5pF
F	白	±1pF
G	黒	±2pF

(b) 10pFを越える場合

略号	色	誤差[%]
F	茶	±1%
G	赤	±2%
J	緑	±5%
K	白	±10%
M	黒	±20%
Z	灰	+80%/−20%
P	青	+100%/−0%

するとしても他の部品，例えば半固定抵抗で補正できるような回路上の工夫が必要です．

④ 容量温度係数 〜 温度による静電容量の変化率

コンデンサの容量温度係数は誘電体材料に依存します．優等生の多かった抵抗とは違い，あるものは数十ppm/℃以下なのに，別の品種は50℃の温度上昇で容量が半分以下になるというように，コンデンサの容量温度係数は玉石混淆の世界です．

容量温度係数の表示方法も品種によって違います．温度補償用の低誘電率系セラミック・コンデンサなどでは，−200±50ppm/℃のように，主温度係数とその偏差を併せて表示しています．フィルム・コンデンサなど中庸な品種では±350ppm/℃というように偏差だけを表示していますが，変化率も非直線性も高い高誘電率系セラミック・コンデンサなどでは+20%/−80%@−25〜+85℃のような温度範囲指定も表示されています．また，コンデンサではカタログにも温度係数が表示されていない品種がけっこうあります．

■ 最大定格と極性

⑤ 定格電圧 〜 コンデンサに連続してかけることのできる最大電圧

コンデンサでは静電容量-体積比を大きくするために，たいへん薄い誘電体が使われています．コンデンサに電圧をかけると，薄い誘電体には大きな電圧勾配（電界強度）がかかり，大きな電気的または機械的なストレスとなります．定格電圧以上の，ある電圧に達すると誘電体は破れ，コンデンサは破壊されてしまいます．このときにショートしたり発火したりする場合もありますから，定格電圧は厳重に守らなければならないパラメータです．

定格電圧の表示には，図4-1のように直流（DC）と交流（AC）があり，使う側を少なからず混乱させます．直流表示は汎用の小型コンデンサや有極性コンデンサで規定されるもので，両電極間の最大ピーク電圧で規定されています．したがって平滑回路や結合コンデンサでは，「直流分＋交流分」のピーク値が定格電圧を越えないように使います．

交流電圧表示はモータの進相コンデンサなど，交流で使われることを前提とするコンデ

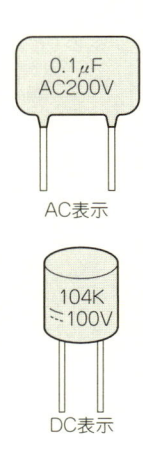

DC定格電圧	AC定格電圧
16V	12V
25V	20V
50V	40V
100V	75V
200V	100V
250V	150V
400V	200V
630(600V)	250V
1000V	400V
2000V	500V

実効値(50/60Hz)

〈図4-1〉
定格電圧表示にはAC表示とDC表示がある

ンサの耐電圧規格で,"250VAC"のように表示されます.この数値は正弦波の実効値を表しますから,直流表示に換算すれば,その$\sqrt{2}$倍以上の定格電圧に相当します.

　回路設計時には定格電圧に余裕のあるコンデンサを使い,耐圧のディレーティングを行うのが普通です.ただし,アルミニウム電解コンデンサでは使用電圧と定格電圧の間にあまり大きな開きがあり過ぎると障害が発生する場合もあります.

⑥ **極性** 〜 電極の±の区別の有無

　図4-2のように,電極の±の区別は電解型特有のものです.電解型のコンデンサは体積に比べて静電容量が大きいのが特徴ですが,その秘密はミクロの凸凹のある電極に電気化学的に薄い誘電体膜を作ることにあります.しかし,逆電圧がかかると分解反応が起きて誘電体膜は損傷します.アルミニウム電解コンデンサの場合は多少の逆電圧なら大丈夫ともいわれますが,いかなる場合も逆電圧がかからないように使用するのが原則です.

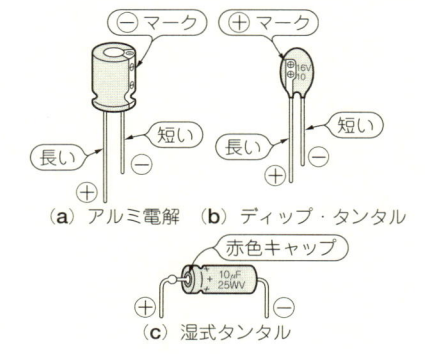

〈図4-2〉
電解コンデンサの極性表記

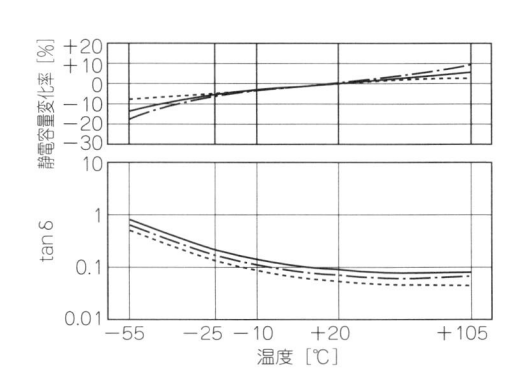

〈図4-3〉
低温下の電解液の導電率低下による
特性悪化

なお，電解型には両電極とも誘電体を付けた無極性（両極性）の製品もあります．

⑦ **使用温度範囲** 〜 コンデンサの耐寒/耐熱温度

コンデンサの品種によっては温度条件の厳しいものがあります．自己発熱と併せた使用温度条件の確認が必要です．

誘電体にプラスチック・フィルムを使ったものには85℃程度で軟化してしまう耐熱温度の低いものもあります．特に電力回路など近くに発熱体のある場合は注意が必要です．

水溶性の電解液を使った非個体型電解コンデンサは，図4-3に示すように低温では導電率の低下が，高温では電解液の蒸発が起こるなど，温度条件が厳しい電子部品の代表です．

■ 理想コンデンサとの違い

⑧ **周波数特性** 〜 コンデンサに潜むコイルや抵抗

いろいろな本に書かれているように，コンデンサのインピーダンス Z_c の大きさ $|Z_c|$ は，

$$|Z_c| = \frac{1}{2\pi f C}$$

の式で表せます．周波数 f の上昇に反比例して $|Z_c|$ はどんどん小さくなるはずです．

現実のコンデンサでも周波数が低いうちはそのとおりなのですが，図4-4のように途中で下がり方が急になり，ある点（自己共振点）を越えると $|Z_c|$ は一転して上昇に向かいます．これは，図4-5のように電極やリード線による寄生インダクタンスがあるためです．

またコンデンサ本来の静電容量と直列共振回路を構成するので，自己共振点の前後では $|Z_c|$ に加えて位相も乱れます．

図4-6は通常の非個体型アルミニウム電解コンデンサの周波数特性です．図4-4と違って，こちらのグラフには底の平らな部分があります．この理由は図4-5の R_e で表された直

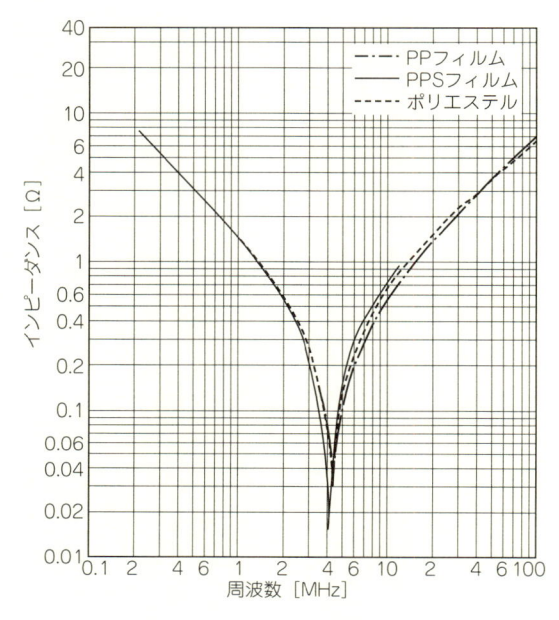

〈図 4-4〉
フィルム・コンデンサの周波数 - インピーダンス特性

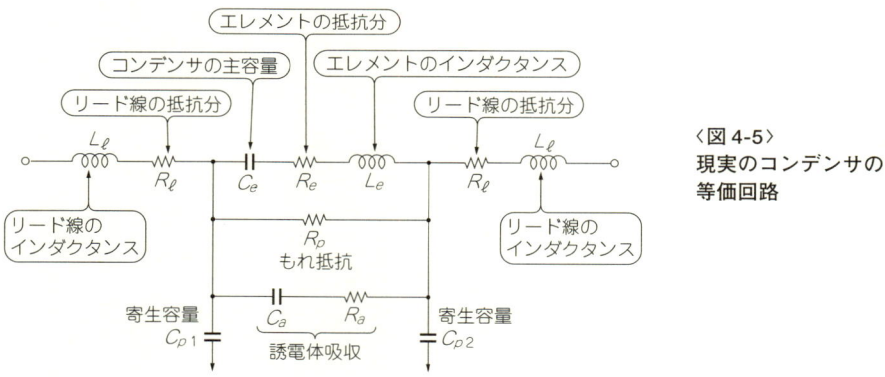

〈図 4-5〉
現実のコンデンサの等価回路

列抵抗分が大きいからです．なお，R_e のほとんどは電解液の電気抵抗分です．

⑨ 誘電正接（tan σ）～ 誘電体の損失

　理想コンデンサに正弦波の交流電流を流すと，その両端には位相が 90° 遅れた電圧が現れます．別の表現をすれば，**図4-7**のように理想コンデンサのインピーダンス Z_c は，電流 I_c に対して -90° ずれていると考えられます．しかし現実のコンデンサでは同図の Z_x のように，位相差は 90° よりわずかに小さくなるのです．この原因は電流と同相のインピーダン

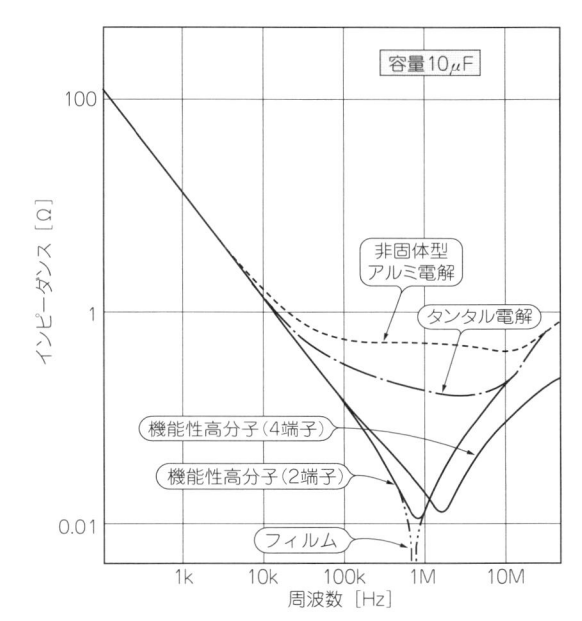

〈図4-6〉
非固体型アルミニウム電解コンデンサの周波数特性

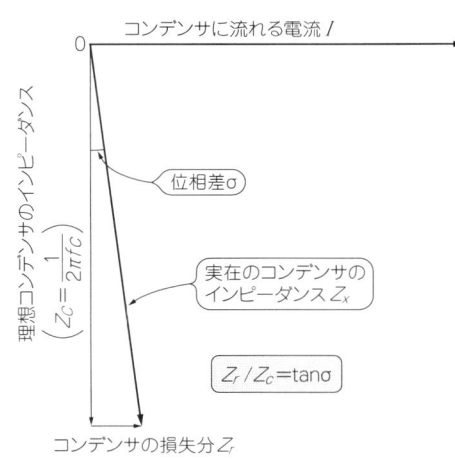

〈図4-7〉
誘電体損失

ス Z_r が存在するためと考えられます．両者の比である Z_r/Z_c を誘電正接と呼び，"tan σ" という記号で表します．この表現は，先の**図4-7**の理想コンデンサの Z_c と現実の Z_x の位相差角が σ になることに基づいています．

　図4-6の非個体型アルミニウム電解コンデンサは電解液による Z_r の大きな例ですが，そ

〈図4-8〉誘電体吸収

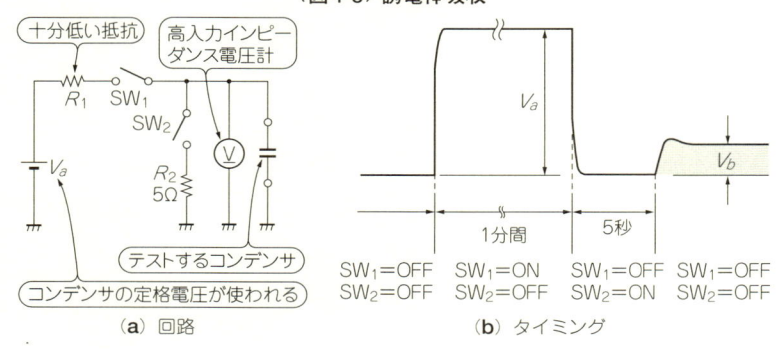

(a) 回路
(b) タイミング

れ以外のコンデンサでも誘電体の種類に固有の誘電正接が残ります.これは誘電体の分子(団)に分極が起こるときの,いわば摩擦に相当する損失と考えられます.

誘電正接は周波数が高くなるほど大きくなります.また誘電正接はコンデンサの自己発熱をもたらすので,大電流が流れる場合には注意が必要です.

⑩ 誘電体吸収 ～ 電荷のリザーブ・タンク

図4-8の回路で,まずSW₁を長時間ONにしてコンデンサをV_aまで充電し,その後SW₁をOFFにSW₂をONにするとコンデンサの電荷はR_2を通じて急速に放電されます.ところが一定時間後にSW₂をOFFにすると,電圧計には電圧V_bが表示されるのです.V_b/V_aを％単位で表示したのが誘電体吸収率です.誘電体吸収率の大きさは誘電体の種類によって違います.これは図4-5のC_aとR_aで表される寄生回路がバイクのリザーブ・タンクのように働くからとも考えられます.誘電体吸収はアナログ積分器などの大きな誤差要因となります.

⑪ 漏れ電流 ～ 電荷の内部放電

現実のコンデンサに使われる誘電体の電気抵抗は無限大ではありえません.図4-5のR_pに相当する抵抗分が存在します.誘電体がセラミックやプラスチック・フィルムの場合はR_pは高く,よほどの微少電流回路でない限り問題にはなりません.しかし電解型のコンデンサでは漏れ電流の保証値が無視できないほど大きいことがあります.この場合,漏れ電流は「0.01CV以下」のように規定されます.

例えば,このコンデンサの静電容量が100μF,定格電圧が25Vであったなら,

$$100 \times 10^{-6} \times 25 \times 0.01 = 25 \ [\mu A]$$

と計算し,漏れ電流は25μA以下ということになります.

漏れ電流は時定数回路の誤差となったり，電流性ノイズの原因になります．

⑫ **静電容量の電圧依存性** 〜 コンデンサにかける電圧で静電容量が変わる

　現実のコンデンサの静電容量は，コンデンサにかかった電圧でも変動します．この原因は誘電体の分極飽和にあり，低誘電率系の素材では問題にならないレベルですが，高誘電率系や半導体系セラミック・コンデンサでは極端に大きい場合があります．

　変動の大きなコンデンサをフィルタや時定数回路に使うと，誤差やドリフトの原因となり，結合コンデンサでは波形ひずみの原因になることがあります．

■ その他

⑬ **故障モード** 〜 コンデンサが壊れたときのふるまい

　コンデンサの使用制限事項はとても多いのですが，もっとも壊しやすいのは温度範囲の超過と極性を含めた耐圧破壊でしょう．

　プラスチック・フィルム系のコンデンサの中には耐熱温度が低いものがあり，高温になると誘電体が軟化し電極がふれあってショート・モードで破壊します．また非固体型の電解系コンデンサでは，高温で電解液の蒸発が進み，寄生直列抵抗が上昇し，同時に静電容量値は減少します．

　無極性のコンデンサでは定格電圧以上の電圧によって誘電体が破壊され，放電が起こるなどでショート・モードで破壊することになります．なおメタライズド型のコンデンサには，使用条件によっては破壊部分の電極が蒸発して自己回復する作用があります．

　アルミニウム電解コンデンサに過電圧をかけたり極性を誤って使用すると誘電体膜が破壊され，発熱や電気分解によるガスの発生などで内圧が上昇します．現在の製品には安全弁が装備されており，昔のような大爆発はありませんが，吹き出した電解液で2次的な故障を引き起こす可能性があります．固体タンタル・コンデンサもショート・モードで破壊しますが，電極の一部に二酸化マンガンが使われているために，急速な酸化反応が起こって発火することがあります．このためヒューズを内蔵したタンタル・コンデンサもあります．

⑭ **物理寸法と価格** 〜 静電容量や定格電圧に左右される

　コンデンサの歴史は，いかに諸特性を悪化させずに物理サイズを縮小するかの歴史といっても過言ではないでしょう．

　抵抗器では抵抗値が多少上がっても部品サイズが大きくなるわけではありませんが，コンデンサでは静電容量値に比例した対向面積が必要です．また定格電圧に応じた誘電体や外装の厚みのために，コンデンサの物理サイズは確実に大きくなり，同時に価格も違ってき

第4章 固定コンデンサの知識

〈表4-3〉誘電体の性質と特徴

誘電体の種類		誘電体の特徴				構造への適応性				
		比誘電率	温度係数	誘電損失	耐熱性	単板	貫通	旋回	積層	電解
マイカ(雲母)		7.0	◎	◎	◎	○	×	×	○	×
ガラス		3.8〜7.5	○〜◎	◎	◎	○	○	×	○	×
セラミック	低誘電率系	8.5〜80	◎	○	◎	○	○	×	○	×
	高誘電率系	数千	×	○	○	○	○	×	○	×
	半導体系	数千	×	○	○	○	△	×	○	×
紙系		3.0前後	○	○	○	×	×	○	○	×
フィルム・プラスチック	ポリエチレン	2.2〜2.3	○	○	×	×	×	○	○	×
	ポリプロピレン	2.2〜2.3	○	◎	×	×	×	○	○	×
	フッ素樹脂	2.0〜3.8	○	◎	○	×	×	○	○	×
	ポリスチレン	2.4〜2.6	◎	◎	×	×	×	○	○	×
	ポリカーボネート	3.0前後	○	○	○	×	×	○	○	×
	PPS	23.0	○	△	◎	×	×	○	○	×
	ポリエステル	3.3前後	△	○	△	×	×	○	○	×
酸化アルミニウム皮膜		8.5	×注	×注	×注	×	×	—	×	○
酸化タンタル皮膜		7.0	△注	△注	△注	×	×	—	×	○
電気二重層		?	×注	×注	×注	×	×	×	×	○

注:電解系のコンデンサは誘電体単独ではなく,製品レベルで評価. ?:メーカで異なる.

ます.また品種によって特性が大きく違うように,寸法や価格にも大きな開きがあります.コンデンサは半導体のような劇的なサイズの縮小が期待できず,品種ごとの容量と外形の対応表をにらみながら回路のトレード・オフに知恵を絞ることになります.

4.2 固定コンデンサの構造とパラメータ

コンデンサの選択パラメータの数は抵抗器以上ですが,それぞれがコンデンサの構造によって相互に関連していることに注目すれば,品種の選択が容易になります.

ここではコンデンサを誘電体の種類と機械構造の二つの観点から分類し,これと各パラメータがどういう関係にあるかをまとめてみました.

■ 誘電体の種類によるコンデンサの分類とその特徴

コンデンサの重要な特性のほとんどは,誘電体の種類で決まります.そこで**表4-3**に代表的な誘電体とその特徴をまとめてみました.

また表中の誘電体を,ある程度傾向の似たもの同士でグループ分けすれば対比が簡単になります.そこで低容量型,フィルム型,強誘電体型,そして電解型の四つのカテゴリに分

けてみました．なお個々の誘電体の並びは，ほぼ①**静電容量範囲**の順になっています．

● **低容量型の誘電体を使ったコンデンサ**

マイカや低誘電率系セラミック・コンデンサのグループです．これらの①**静電容量範囲**は数千pF以下と小さいのですが，諸特性に優れ，⑨**誘電正接**や⑩**誘電体吸収**が小さく⑧**周波数特性**もよいために Q の高い高周波回路が構成できます．

▲ マイカ（雲母）コンデンサ

雲母（うんも）は，薄くはがれる性質をもつ天然の鉱物ですが，一部の製品には合成マイカも使われています．マイカは半導体の放熱シートにも使われているように⑦**使用温度範囲**が広く，④**容量温度係数**は小さく一定です．また③**容量トレランス**に優れ，10pF以上であれば②**静電容量ステップ**も E24 系列でそろえられています．

マイカ・コンデンサの欠点は，誘電体を極端に薄くできず外形が大きくなることと，かなり高価であることです．

▲ 低誘電率系セラミック・コンデンサ

誘電体の主原料は酸化チタンやアルミナ（磁器，JIS 分類：種類Ⅰ）などの磁器です．耐熱性が高く丈夫で，体積効率の良い積層構造にも対応できます．

低誘電率系セラミックの④**容量温度係数**は低く直線的で，しかも微量元素をドープすることで調整できます．このため，単独で温度係数を小さくとることも他の部品の温度係数を補正することも可能です．したがって中心温度係数とその誤差を併せて「－200 ±

〈表 4-4〉
低誘電率系セラミック・コンデンサの温度係数分布と表示

(a) 主温度係数

略号	色点	温度係数 [ppm/℃]
A	金	＋100
B	灰	＋30
C	黒	±0
H	茶	－30
L	赤	－80
P	橙	－150
R	黄	－220
S	緑	－330
T	青	－470
U	紫	－750
V	赤＋橙	－1000
W	橙＋橙	－1500
X	黄＋橙	－2200
Y	緑＋橙	－3300
Z	青＋橙	－4700

(b) 温度係数偏差

略号	誤差 [ppm/℃]
F	±15
G	±30
H	±60
J	±120
K	±250
L	±500
M	±1000
N	±2500

(c) 例外規定

略号	温度係数 [ppm/℃]
SL	－1000〜＋350
YN	－5800〜－800

温度補償型では主温度係数とその偏差を併せて表記する．例えばPH特性は－150±60ppm/℃であることを示す．ただし，高誘電率の温度係数の大きな素材用に，SLとYNの例外規定がある

30ppm/℃」のように定義され，**表 4-4** のような略号や色点で表示されます．
　ただし③**容量トレランス**はさほどよいわけではなく，±5〜±20％程度が普通です．
● プラスチック・フィルム系のコンデンサ
　プラスチック・フィルムはごく薄い膜にでき，大量生産が可能です．しなやかなため構造上の自由度が高いというメリットがあり，中容量のコンデンサに盛んに使われています．
　その反面，比誘電率はさほど高くないので大型になりやすいことや，耐熱温度の低いものが多く⑦**使用温度範囲**が狭いというデメリットもあります．プラスチックの種類は非常に多く，また諸特性は材料によってかなり違いますから，品種の区別に注意が必要です．
▲ スチロール・コンデンサ
　俗称は「スチコン」です．スチロール樹脂はCDの透明ケースなどにも使われるポピュラで歴史のあるプラスチックです．整形が容易で安価ですが，耐熱温度は85℃程度と低く「機械的にもろい」という欠点もあります．
　比誘電率は 2.4〜2.6 と低く，かさばりますが，④**容量温度係数**は約 −170ppm/℃ と小さく一定で，⑨**誘電正接**や⑩**誘電体吸収**などの特性にも優れています．しかし通常のスチロール樹脂の耐熱温度は低く，種々の有機溶媒に溶けやすいことや，もろいという物性から昨今の自動実装化の流れに乗り遅れてしまった感があります．したがってスチコンの製造メーカや品種がどんどん減少しているのが実状です．しかし最近になって，樹脂分子の並びを制御して結晶化を進め，これらの欠点を改善した素材も出現しました．
▲ ポリプロピレン・コンデンサ
　俗称は「PPコン」です．ポリプロピレンはポリ・バケツなどに使われているのと同系統の樹脂です．機械的強度に富んだ樹脂で整形も容易ですが，スチコンと同じように耐熱温度が85℃と低い欠点もあります．比誘電率は 2.3 前後と低く，大きめの外形になりますが，⑨**誘電正接**が 0.001 以下と優秀で⑤**定格電圧**にも優れるため，高周波電力用として欠かせない存在です．また⑩**誘電体吸収**が小さく位相の乱れが小さいことから，高級オーディオや計測器に使われる高精度型の製品もあります．
▲ ポリフェニレン・サルファイド・コンデンサ
　製品の略称は「PPSコン」です．ポリフェニレン・サルファイド樹脂は硫黄原子を骨格にもつ比較的新しいエンジニアリング・プラスチックで，機械的強度や⑦**使用温度範囲**に優れた樹脂です．比誘電率も 23.0 前後と高い割に⑨**誘電正接**は 0.018 以下，④**温度係数**も ±200ppm/℃ 以下と小さいという優れた特性を兼ね備えています．
　ポリフェニレン・サルファイド樹脂は耐熱温度が280℃と高いために，PPSコンデンサは

> ## コラム 4.a　静電容量の表示について
>
> 　本書で取り上げただけでも，コンデンサの静電容量は 13 桁以上にも及ぶほど広いものです．工学単位の通則に従えば，pF，nF，μF，mF，F の 5 種類が使われそうです．しかし，少なくとも日本国内では nF や mF の表示はあまり見かけませんが，欧州などではよく使われます．JIS の表示規則も小容量では pF を，大容量では μF を使用することになっています．
>
> ● **直接表示**
> 　大型のコンデンサでは容量が直接表示されますが，0.0015 μF とか 1500pF などと 0 の数が増えて読みづらいことがあります．なお抵抗と同じように 4.7 を 4R7 と表示することがあります．また容量単位を省略することもあります．
>
> ● **数字コード表示**
> 　抵抗器と同様に有効数字＋乗数の数字コードが多用されます．
> 　ただし 1F ではなく 1pF を基数とします．有効数字は 2 桁だけです．たとえば "223" は $22 \times 10^3 = 22000$ pF つまり 0.022 μF を表します．"105" = 1 μF と覚えておくといいでしょう．なお，タンタル・コンデンサなどの表示では μF を基数とすることもあります．
>
> ● **カラー・コード表示**
> 　静電容量のカラー・コード表示は珍しく，メルフ型のコンデンサなどに限られます．色帯は抵抗器と同様で，基数は 1pF です．
> 　さていま "120" と表示されたコンデンサがあったとします．これが直接表示で単位を省略したものだとすれば 120pF です．しかし，これが数字コードならば 12pF です．このため容量計を引っぱり出したり，即席のブリッジを作るはめになります．

自動実装はもちろん，フィルム系としては実用上唯一の表面実装も可能な品種です．

　ただし製造メーカや品種がまだ少なく，入手性と価格にまだ不安が残ります．

▲ ポリエステル・コンデンサ

　俗称は「マイラ・コンデンサ」で「マイラ」は米デュポン社の樹脂フィルムの商標です．PET ボトルや合成繊維としてなじみのある樹脂で，フィルムのメーカや種類も多く，特性もそれぞれ異なります．比誘電率は 3〜4 とフィルム系としては高く，また耐電圧の高い薄い均一なフィルムが製造可能なため，フィルム・コンデンサの主流として広く使われています．

　ただし⑨**誘電正接**は 0.01 程度とやや高く，高周波大電流用途には向きませんし，④**容量温度係数**も +500〜700ppm/℃と大きめの正の値を示します．また⑦**使用温度範囲**もさほど広くなく，特殊な構造の製品を除いて表面実装はできません．

　最近は，一段と薄いフィルムの普及でコンパクト化が進み，フィルム型ならではの低い漏れ電流や無極性を武器に，従来はアルミ電解コンデンサやタンタル・コンデンサの領域で

あった数μFまでの静電容量範囲への置き換えが進んでいます．

● 強誘電体型のコンデンサ

　高誘電率系のセラミック・コンデンサ(JIS種別Ⅱ)と半導体セラミック・コンデンサ(JIS種別Ⅲ)に大別できます．強誘電体型のコンデンサは比誘電率が非常に高く，無極性にも関わらず小型で大容量のコンデンサが得られます．しかし④**容量温度係数**をはじめとする諸特性はかなり乱れ，また大きな⑫**静電容量の電圧依存性**がみられます．

　低誘電率系のセラミック・コンデンサと外観も似ていますが，混同してはいけません．

▲ 高誘電率系セラミック・コンデンサ

　誘電体はチタン酸バリウム($BaTiO_3$)を主体とし，これに種々の金属をドープして分極率を大きくしたものです．誘電率は数千〜数万にも達しますから，とても体積効率のよいコンパクトな無極性コンデンサが得られます．

　しかし，その見返りに④**容量温度係数**は非常に大きく非直線的に変動するために，温度範囲内での上限と下限が規定されます．たとえば，−25〜+85℃の温度範囲であれば，B特性品で±10%，普及型のF特性品では−80%〜+30%以内という大きさになります．また，これに連動して③**容量トレランス**も±5%程度から，−20%〜+80%までのバリエーションがあります．さらに⑫**静電容量の電圧依存性**もかなり高くなります．

　高誘電率系のセラミック・コンデンサはコンパクトで安価，適度な高周波特性があるため，電源パスコンなどによく使われています．また大容量品はモバイル機器の電源などに使われ，寿命や⑦**使用温度範囲**に問題のあった電解系のコンデンサを駆逐しようとしています．

▲ 半導体系セラミック・コンデンサ

　半導体セラミック・コンデンサの誘電体にもチタン酸バリウム系の素材が使われますが，金属化合物を加えることによって導電性をもたせている点が異なります．このセラミック粉体の表面に化学反応で非常に薄い誘電体膜を作り，これを焼結して使用します．

　実質的な誘電体膜が薄いために高誘電率型よりさらに小型化が可能ですが，そのぶん⑤**定格電圧**は低くなり，⑨**誘電正接**も導電性セラミックの抵抗分だけ悪化します．

　また④**容量温度係数**が非常に高いことや，⑫**静電容量の電圧依存性**が大きいなどの欠点は高誘電率系セラミックと同じです．

● 電解系のコンデンサ

　ここでいう電解系のコンデンサとは，電極や誘電体の等価表面積を増やすために電気化学的手法や粉体焼結を使う広義のもので，アルミニウム電解コンデンサをはじめ，タンタル

〈図4-9〉
アルミニウム電解コンデンサの構造

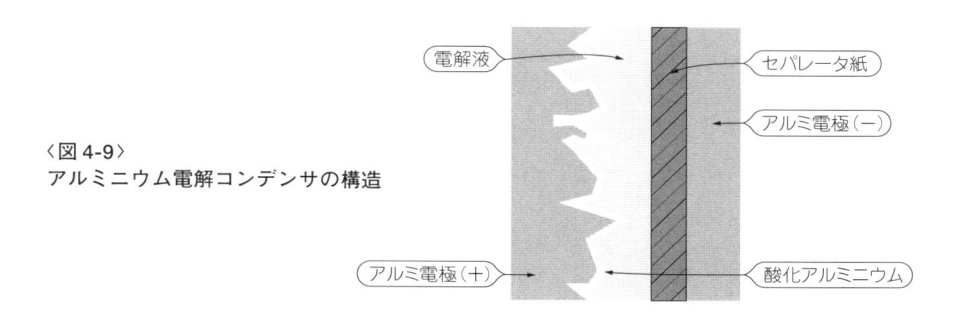

図中ラベル：電解液／セパレータ紙／アルミ電極（−）／アルミ電極（＋）／酸化アルミニウム

系や電気二重層コンデンサを含みます．電解系のコンデンサには原則として±の**⑥極性**がありますが，両極に誘電体の付いた電極を使った両極性コンデンサもあります．

▲ アルミニウム電解コンデンサ

もっともポピュラな大容量コンデンサで，俗称は「ケミコン」（ケミカル・コンデンサ）です．

小型で大きな静電容量が得られますが，誘電体である酸化アルミニウム（Al_2O_3）自体の比誘電率は8〜10しかなく，とくに高いわけではありません．アルミニウム電解コンデンサ（以下，アルミ電解コンデンサ）ではアルミ箔電極（陽極）の表面を選択性エッチングで荒らして表面積を増やし，その上に電気化学反応でミクロの凸凹に沿った，きわめて薄い誘電体膜を作り込むことによって大きな静電容量を得ています（図4-9）．

アルミ電解コンデンサでは陰極にもアルミ箔が使われますが，そのままでは誘電体の凸凹にぴったり沿わせることができません．そこで，誘電体の間に導電性の溶液（電解液）を浸した電解紙を挟んだり，融点の低い導電性の固体を流し込んで接続を完了します．前者を非固体型，後者を固体型と呼びます．

非固体型の最大の特徴は**①静電容量範囲**が$0.1\,\mu F$〜$0.1F$と広く大きいことにあります．**②静電容量**ステップはE6系列を標準とし，**⑤定格電圧**も3〜600Vまでと選択の幅が広いものです．その反面**④容量温度係数**は表示されないことが多く，**③容量トレランス**も±10〜20％が普通です．電解液を使っている関係上**⑦使用温度範囲**は狭く，高温では寿命が累乗的に短くなります．**⑨誘電正接**や**⑩誘電体吸収**にも劣り，**⑪漏れ電流**が大きい欠点があります．ただし，電解液や化成プロセスの改良で，これらの欠点を補った品種が次々に開発されています．

コンデンサ内部に塩素などのハロゲン属のイオンが混入すると劣化するため，クロロプレン系などの接着剤の使用はご法度です．なお，人間の汗にも多くの塩素イオンが含まれ

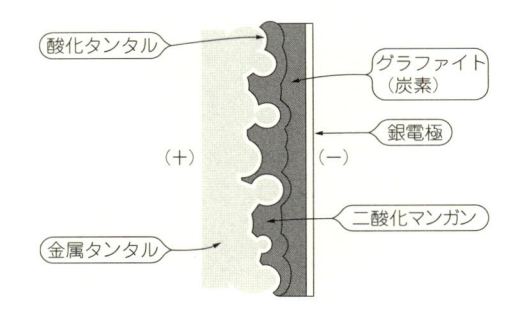

〈図 4-10〉
焼結型固体タンタル・コンデンサの構造

(酸化タンタル / グラファイト（炭素）/ 銀電極 / 二酸化マンガン / 金属タンタル / (+) / (-))

ているので注意が必要です．また長時間使わずに放置しておくと，誘電体膜が徐々に溶け出し漏れ電流が増すことがあります．この場合は定格電圧に近い電圧をかけてしばらくおく（エージングという）と，誘電体膜の欠損が修復されて正常に戻ることがあります．

固体型では環境特性や⑧周波数特性が大幅に改善されますが，①静電容量範囲は数百μFまでと狭くなり，また⑤定格電圧も30Vまでと低くなります．

▲ タンタル電解コンデンサ

誘電体に酸化タンタル（Ta_2O_5）を使ったコンデンサで，湿式と固体型があります．陽極には金属タンタルの粉体を焼き固めて表面積を大きくしたものを使い，これに電気化学反応で酸化タンタルの薄膜を付けて誘電体とします．しかしアルミ電解コンデンサと同様に誘電体膜にはミクロの凸凹がありますから，そのまま陰極を付けることはできません．そこで湿式では電極を金属ケースに満たした電解液中に浸して，気密封止します．

固体型では高温で二酸化マンガンを誘電体膜表面に析出させてミクロの凸凹の隙間を埋め，その上に黒鉛の層を焼き付けてコーティングした後，銀パラジウムなどを使って陰極を接続します（図 4-10）．

タンタル電解コンデンサは電解系のコンデンサとして⑧周波数特性が優れており，比較的高い周波数まで低インピーダンスですが，①静電容量範囲は0.1～100μF程度で⑤定格電圧は3～35Vと低めになります．また大きなリプル電流に弱く⑥極性を厳密に守らないとショート・モードで破壊します．

湿式には⑪漏れ電流が少なく高信頼性のものがありますが，⑭物理寸法が大きく高価です．固体型は容量あたりの体積が小さく⑦使用温度範囲も広く寿命が長いのですが，意外にも⑪漏れ電流の保証値は低漏れ電流型のアルミ電解コンデンサのほうが優れています．

▲ 電気二重層コンデンサ

このデバイスは電池とコンデンサの間に位置するもので，目で見える誘電体膜はありませ

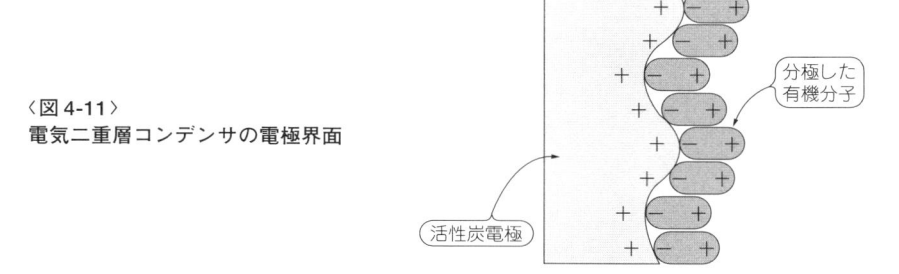

〈図4-11〉
電気二重層コンデンサの電極界面

分極した
有機分子

活性炭電極

ん．一般に異種の素材を接触させるとその界面には電位差が発生します．

電気二重層コンデンサでは活性炭電極を使用し，全体を特殊な有機物質を含む電解液で満たします．こうすることで電解液と活性炭の界面に電位差が起こり，電解液中のイオンが活性炭の界面にきれいに配向して，厚みがほぼ分子1個分というきわめて薄い誘電体膜が形成されたようになります（図4-11）．この配向はわずかな電位差（1～1.5V）で簡単に破れてしまいますが，それ以下の電圧なら活性炭の莫大な表面積ときわめて薄い配向膜厚から，とても大容量のコンデンサとして機能します．

電気二重層コンデンサの**①静電容量値範囲**は22000 μF～10Fと，きわめて大容量です．また実用的な**⑤定格電圧**を得るために上記のセルを直列に積み重ね2.5～5.5Vの製品が作られています．しかし他の諸特性は良くなく，メモリ・バックアップなどの用途に限定されます．とくに直列抵抗成分が大きいために平滑回路には使えず，**⑪漏れ電流**も大きいので，あまり長期間のバックアップには向きません．

ただし充電速度はニカド電池などの二次電池と比べれば圧倒的に速いので，新しい半導体記録媒体などに用途が開ける可能性があります．

■ コンデンサの構造による分類とその特徴

コンデンサの構造は複雑で種類も多いのですが，大別すれば単板型，貫通型，旋回型，積層型，非固体電解型，固体電解型，電気二重層の7種類に分かれます．

しかしこれらの構造は自由に選べるのではなく，誘電体の種類によって制限を受けます．このようすを**表4-5**にまとめてみました．コンデンサの構造で決まる主な選択パラメータは**⑦使用温度範囲**，**⑧周波数特性**，**⑨誘電正接**，**⑭物理寸法と価格**などです．

● 単板型

単板型の典型例として，**図4-12**にディスク型セラミック・コンデンサの構造例を示しま

誘電体の種類		制限事項
マイカ(うんも)		特性は良いが高価
ガラス		高電圧,低漏洩など特殊用途
セラミック	低誘電率系	諸特性は良いが,低容量
	高誘電率系	無極性大容量だが,特性はかなり荒れる
	半導体系	
紙系		鉱物油やパラフィンを含浸
プラスチック・フィルム	ポリエチレン	ポリ・バリコンなどに使われる
	ポリプロピレン	tanδが小さい
	フッ素樹脂	高周波用など特殊用途
	ポリスチレン	歴史あり,特性も良だが終息傾向
	ポリカーボネート	フィルムとしては耐熱性が良い
	PPS	耐熱性が高く,SMT化が可能
	ポリエステル	フィルム系の主流
酸化アルミニウム皮膜		大容量コンデンサの代表
酸化タンタル皮膜		高密度だがデリケート
電気二重層		超高容量.バックアップ用

〈表4-5〉
誘電体の種類と制限事項

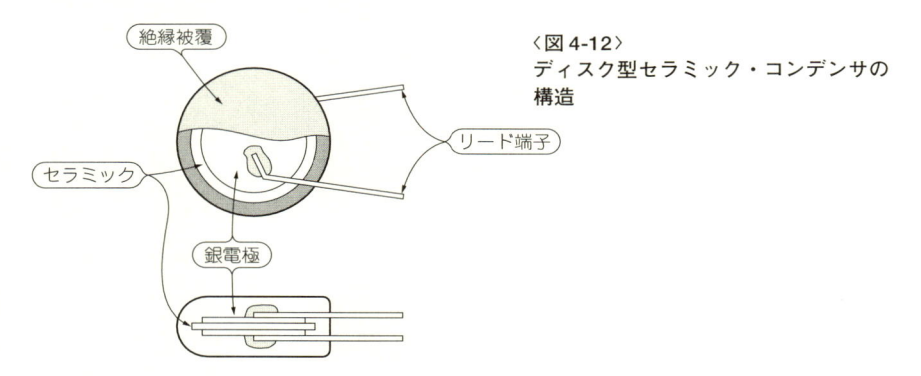

〈図4-12〉
ディスク型セラミック・コンデンサの構造

す.単板型はコンデンサの基本どおりの構造で,丸い円盤状のセラミック誘電体の両面には蒸着などで円形の電極が付いています.ここにリード線を接続して全体を絶縁塗装後,防湿のためにパラフィンを含浸させます.文献28によれば,長さ5mmの2本のリード線でも約10nHの寄生インダクタンスとなりますから,UHF帯以上の高周波にはリード線を付けない「はんだコン」として使われます.

単板型は周波数特性を悪化させず,硬い誘電体にも対応できる構造ですが,対向面積を大きくしづらいために,主として小容量のコンデンサに使われています.

● 貫通型

図4-13のように,貫通型は同心円筒状のコンデンサに鍔(つば)を付けたような形をしています.

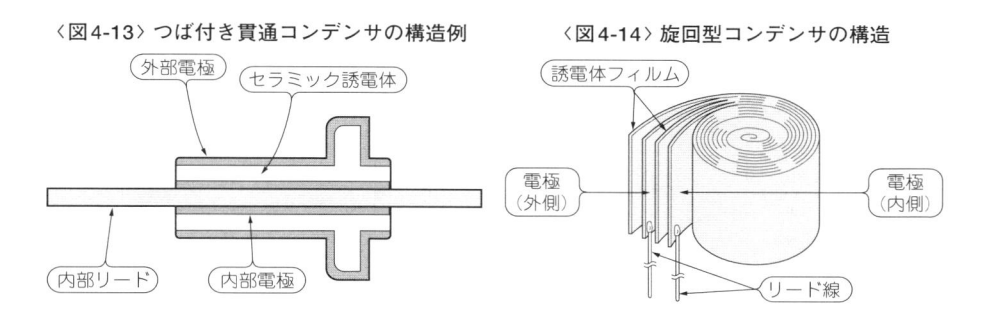

〈図4-13〉つば付き貫通コンデンサの構造例　〈図4-14〉旋回型コンデンサの構造

高周波回路や微少信号回路にはシールドが不可欠ですが，シールド内外の信号や電源の授受のために単純に穴をあけるとシールドの効果が低下します[1]．

こういった場合に貫通コンデンサを使えばシールド効果を維持しながら，信号の受け渡しが可能になります．貫通型の誘電体には，成形の自由度が高く高周波特性の良いセラミック材が使われます．

● 旋回型（巻き型）

旋回型は図4-14のように，2枚の誘電体と両電極を互い違いに重ね，コンデンサの構造は維持しながらこれをトイレット・ペーパのように丸めたものです．しかも，もう1枚の誘電体で電極の外側もコンデンサを構成するので静電容量は丸める前の2倍になります．

旋回型の誘電体はしなやかでなくてはならず，フィルム型のコンデンサに多用されます．しかし旋回型の断面はコイルの形をしており，寄生インダクタンスによって高周波特性が悪化します．そのため途中で巻き返したり，電極の引き出し方を工夫した無誘導型の製品も作られています．

▲ 旋回型で使われている電極の種類

金属箔型，メタライズ（金属化）型，ハイブリッド型の3種類があります．

金属箔型は丈夫で電極の抵抗分が少なく⑨**誘電正接**を悪化させませんが，金属箔の厚みや誘電体との空隙のために小型化が困難です．また振動や圧力によって静電容量がわずかながら変動することがあります．

メタライズ型は誘電体に直接金属を真空蒸着して電極としたものです．この方法では電極を極限まで薄くでき，小型化が可能です．また誘電体にピン・ホールがあっても，その部分の電極が蒸散するために自己回復性があるとされています．ただし電極が薄く抵抗分があるために，大電流用途には使えません．なおスチロールなど一部の樹脂では，物性上メタライズ型が適用できないものもあります．

〈図4-15〉積層型コンデンサの構造の例

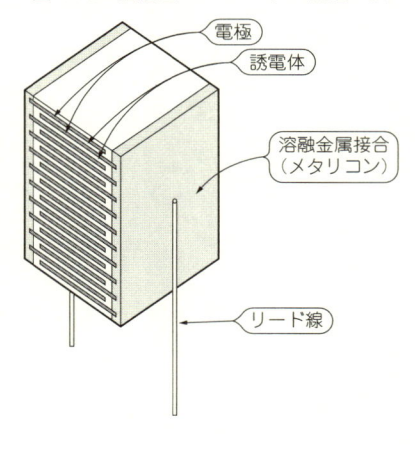

- 電極
- 誘電体
- 溶融金属接合（メタリコン）
- リード線

〈図4-16〉マイカ・コンデンサの構造

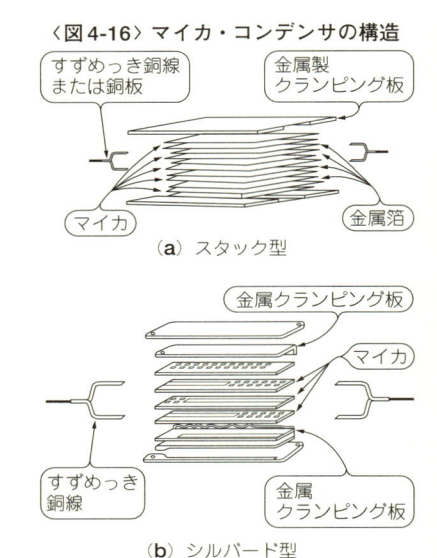

- すずめっき銅線または銅板
- 金属製クランピング板
- マイカ
- 金属箔

（a）スタック型

- 金属クランピング板
- マイカ
- すずめっき銅線
- 金属クランピング板

（b）シルバード型

ハイブリッド型は，互いの欠点を補うためにメタライズ型に金属箔を組み合わせたもので，外形はやや大きくなります．ハイブリッド型はPPコンデンサの一部だけに使われているようです．

● 積層型

　積層型は，ちょうどパイ生地のように誘電体と両方の電極を互い違いに幾重にも重ね合わせることで対向面積を増やしています（**図4-15**）．積層型では電極の両側がコンデンサを構成するので効率が良く，また単板型と同様に周波数特性を悪化させることなく静電容量を増加できます．さらに誘電体を折り曲げることがないので，柔軟性のない材料にも対応可能です．ただし両方の電極をまとめて外部に引き出すために，低融点合金が使われることが多く，誘電体にある程度の耐熱性が必要です．

　各種のセラミック・コンデンサでは焼成前のシート状の素材に電極材を印刷し，重ね合わせて焼成一体化が可能なため，積層型に向いています．またメタライズ処理されたポリエステルやPPSフィルムを使った積層フィルム・コンデンサも多数製造されています．

　図4-16のマイカ・コンデンサは，機械的に積層化をはかったユニークな例です．

　積層型は小型化が容易なため，表面実装用のチップ・コンデンサの主力になっています．

● 非固体電解型

　図4-17に，非固体電解型の例としてアルミ電解コンデンサの例を示します．

〈図4-17〉アルミニウム電解コンデンサの構造例

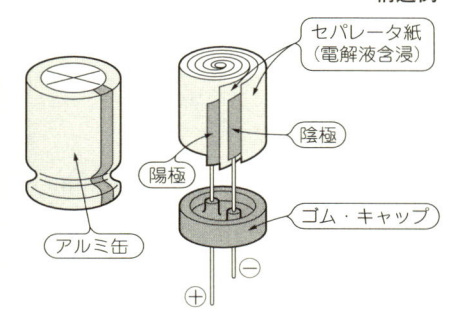

〈図4-18〉アルミニウム電解コンデンサの安全弁のバリエーション例

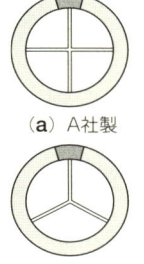

(a) A社製
(b) B社製
(c) C社製
(d) D社製

誘電体膜の付いた陽極の両側には電解液を浸した電解紙（薄い和紙）が置かれ，陰極とのショートを避けています．これらは旋回型のように巻かれてアルミニウム製の缶に収められ，ゴム・キャップで封じられます．外装缶とゴム・キャップのいずれかに防爆用の弁が備えられています．外装缶のほうは，特許の関係でメーカや品種によって図4-18のようなバリエーションがあります．外装缶は陰極側に"－"マークが付いた熱収縮チューブが被せられます．なお外装缶は電気的に中立ではなく，陰極側に近い電位をもつのでショートや感電などに注意してください．

非固体型のもう一つの例として，図4-19に湿式タンタル・コンデンサの例を示します．

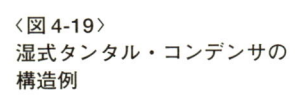

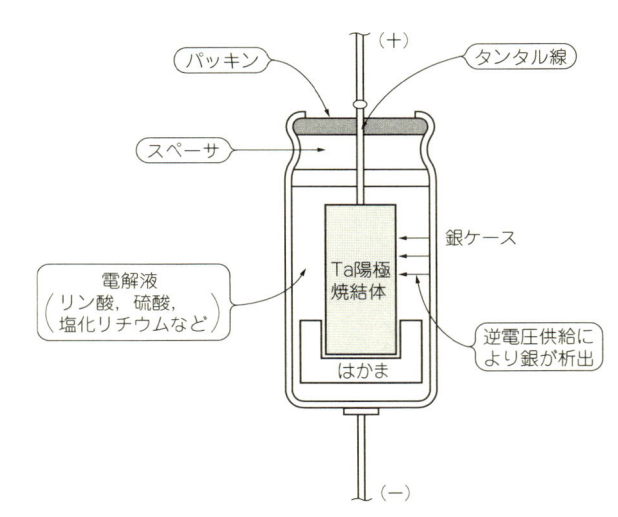

〈図4-19〉湿式タンタル・コンデンサの構造例

〈図4-20〉OSコンの構造

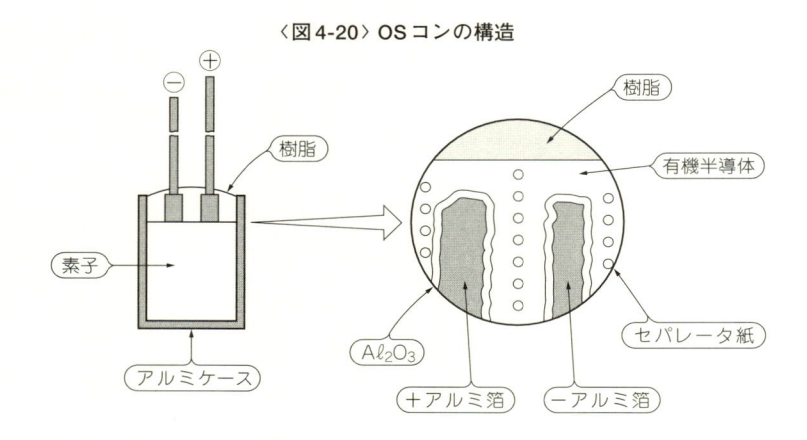

陽極のユニットは，銀またはタンタルの陰極ケースに液体の電解液とともに封入されます．こちらはガス発生の可能性が少なく，封止には厳重なハーメチック・シールが施されます．

● 固体電解型

　固体型のアルミ電解コンデンサには，液体の電解液の代わりに溶融可能な導電性の個体を使用しています．導電性の固体としてはTCNQ錯塩を使ったもの（図4-20，OSコン：三洋電機など）と，機能性有機プラスチックを使ったもの（SPキャップ：松下電子部品など）の二つに大別できます．

　いずれも従来の電解液を使ったものに比べて特性が大幅に改善されています．

　固体型のタンタル・コンデンサとしては図4-21のようなエポキシ樹脂に浸して絶縁塗装した，俗にディップ・タンタルと呼ばれるものがポピュラですが，湿式と同様にハーメチック・シールされた高信頼品もあります．固体型の電解コンデンサは電解液がないため直列

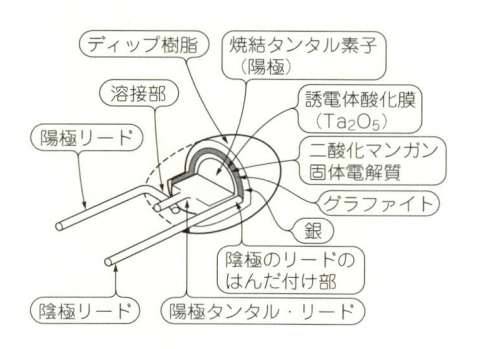

〈図4-21〉ディップ・タンタル・コンデンサの構造例

〈図4-22〉電気二重層コンデンサの構造例

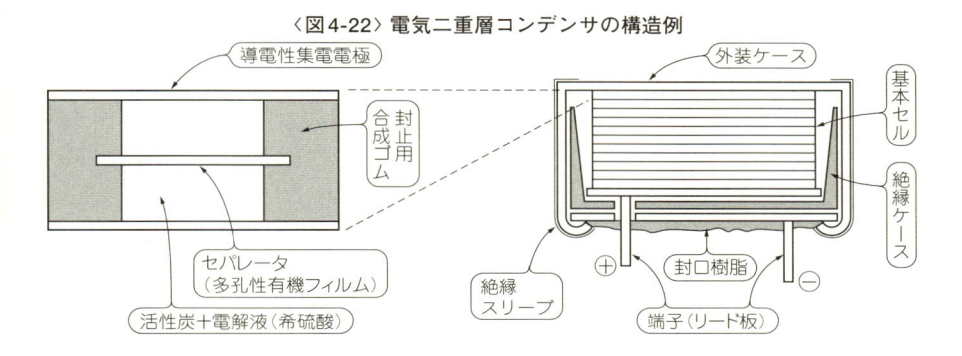

抵抗が小さくて⑧**周波数特性**が良く，⑨**誘電正接**が小さいという特徴があります．

● 電気二重層型

　図4-22に，電気二重層コンデンサの1セルの構造例を示します．両方の電極の間にはメッシュの細かいセパレータ膜を入れ，ショートを防止しています．系全体は特殊な電解液で満たされています．セル自体はコイン型電池のような構造になっており，これを数個直列に積み重ね，スポット溶接でリード・フレームが取り付けられています．

第5章
可変コンデンサおよび
半固定コンデンサの構造と性能

　本章でも，第2章の分類と同じようにユーザが調整することを前提としたものを「可変コンデンサ(俗称：バリコン)」と呼び，主として機器内調整に使うものを「半固定コンデンサ(俗称：トリマ)」と呼ぶことにします．

　可変コンデンサは主としてチューナに使われてきましたが，近年は可変容量ダイオード(バラクタ)を使った電子チューニングが普及したため，可変コンデンサを使う機会も，その種類も少なくなってきました．一方，半固定コンデンサのほうは回路のディジタル化や無調整回路の発達で使用頻度が減ってきました．とはいえ，各種発振回路の調整や位相補償などに依然不可欠な部品です．

　第4章でも述べたように「静電容量の大きさは対向面積に比例」します．それを可変するわけですから，機械的な制限もありあまり大容量のものは得られません．これが可変抵抗器や半固定抵抗器の場合との大きな違いで，品種もあまり多くはありません．

　ここでは，可変コンデンサや半固定コンデンサに特有の選択パラメータについて述べ，その後に具体的な品種の構造や性能について説明します．

5.1　可変コンデンサおよび半固定コンデンサに特有のパラメータ

① 最大容量と最小容量

　最大容量とは，可変コンデンサや半固定コンデンサのロータ(回転子)を回して静電容量を最大にしたときの静電容量値です．「××pFの可変(半固定)コンデンサ」というときの値は，この最大容量(多連の場合は1ユニットあたりの最大容量)を示します．最大容量値はロータとステータ(固定子)の羽根との最大重なり面積と対向数に比例し，ギャップ長に反比例するのは固定コンデンサの基本と同じです(図5-1)．

　最小容量は，ロータとステータとの結合をもっとも疎にして静電容量を最小にしたとき

〈図 5-1〉
可変コンデンサおよび
半固定コンデンサの最
大容量

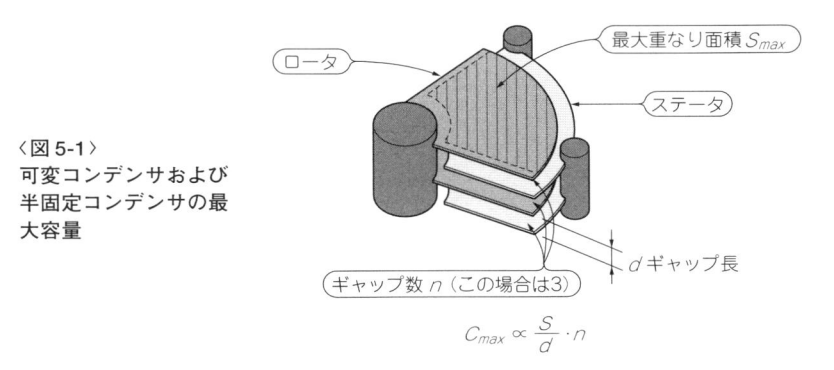

最大重なり面積 S_{max}
ロータ
ステータ
d ギャップ長
ギャップ数 n（この場合は3）

$$C_{max} \propto \frac{S}{d} \cdot n$$

〈図 5-2〉 可変コンデンサおよび
半固定コンデンサの最小容量

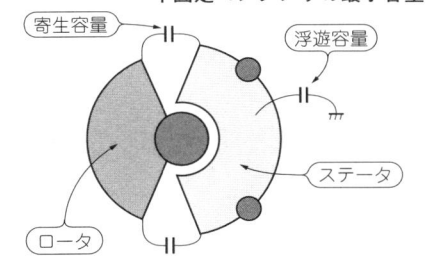

寄生容量
浮遊容量
ステータ
ロータ

〈図 5-3〉 並列共振回路

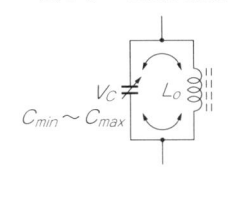

V_C　L_o
$C_{min} \sim C_{max}$

の静電容量です．チューニング用可変コンデンサの場合には，最低容量をいくらか残して受信バンドからの逸脱を防ぎますが，それ以外の可変コンデンサや半固定コンデンサでは，なるべく最小容量を小さくしようとするのが普通です．しかしこの場合にも端子の寄生容量やロータの浮遊容量があるために，最小容量は完全にゼロにはなりません（**図 5-2**）．

さらに可変コンデンサや半固定コンデンサをパネルや基板に実装すると，迷結合やパターン容量によって実質的な最小容量値は増えます．回路設計を行うときには部品単体だけではなく，このような浮遊容量分を見込んだパラメータ設計が必要です．

② 静電容量比

静電容量比は，最大容量を最小容量で割った値で，共振回路などを構成するときに重要なパラメータです．いまインダクタンスが L_o であるコイルと，**図 5-3**のような共振回路を構成するとき，最大共振周波数 f_{max} と最低共振周波数 f_{min} は，可変または半固定コンデンサの最大容量 C_{max} と最小容量 C_{min} を使い，それぞれ，

$$f_{max} = \frac{1}{2\pi\sqrt{L_o \cdot C_{min}}} \quad \cdots\cdots (5\text{-}1)$$

〈図 5-4〉
固定コンデンサの追加で可変範囲を狭くする

$$f_{min} = \frac{1}{2\pi\sqrt{L_o \cdot C_{max}}} \qquad \cdots\cdots (5\text{-}2)$$

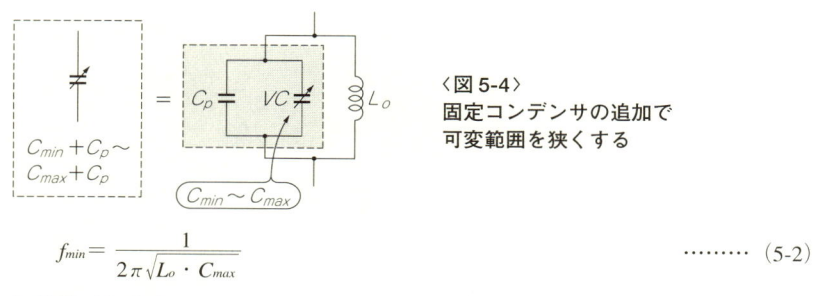

と計算できます．

(5-1)式と(5-2)式から，最高同調周波数と最小同調周波数の比は，

$$\frac{f_{max}}{f_{min}} = \sqrt{\frac{C_{max}}{C_{min}}} \qquad \cdots\cdots (5\text{-}3)$$

のように静電容量比の平方根に依存することがわかり，どんなに回路を工夫しても，これ以上の周波数比を得ることはできません．

逆に周波数の可変範囲を狭めるほうは，適当な固定コンデンサを図5-4のように並列に接続し，見かけ上の静電容量比を小さくすることで容易に達成できます．

③ 極性

ここでいう極性は電極の±の区別ではなくロータとステータの区別のことで，旋回型の固定コンデンサの外側電極と内側電極の区別の考え方と同じです．

半固定および固定コンデンサでは，機構のシンプル化のため，調整部やケースがロータ側に接続していることが多いものです．このときロータ側の回路を低インピーダンス側に接続しないと，浮遊容量によって設計どおりに動作しなかったり，その変動によって安定度が損なわれたりすることになります．

可変コンデンサや半固定コンデンサの中には，極性が外観からそれと見て取れるものもあります．また，ケースに切り欠きを作ったり，色点を打ったりして極性を区別している製品もあります．

④ 静電容量カーブ

静電容量カーブは，シャフトの回転角と静電容量の関係を表すカーブです．ちょうど可変抵抗の抵抗値カーブに相当します．図5-5(a)のように，回転角とともに静電容量が直線的に変化する抵抗のBカーブ相当のものは，扇形の羽根を使うことで簡単に作成できます．

各種のトリマ・コンデンサは，基本的に直線変化カーブになっています．

チューナなどに使う可変コンデンサの場合，その静電容量をC_x，同調コイルのインダク

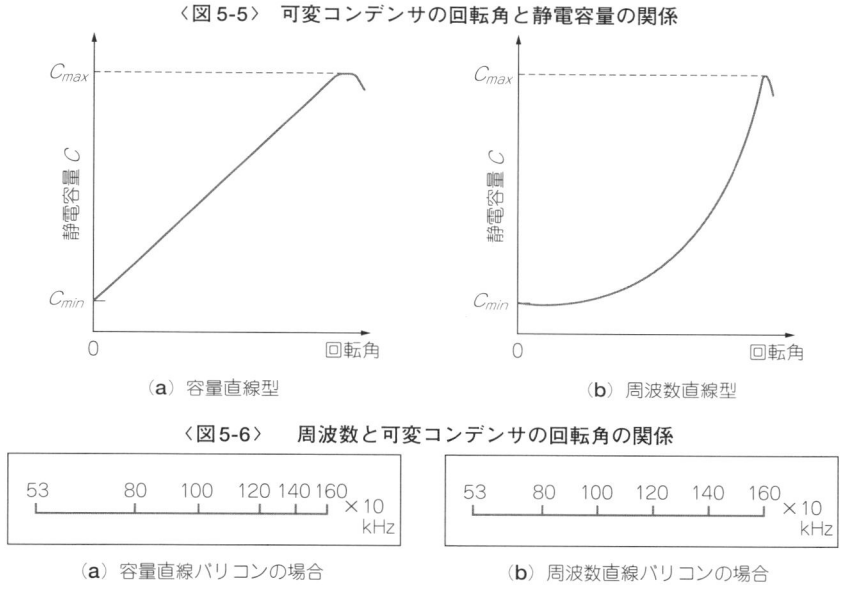

〈図5-5〉 可変コンデンサの回転角と静電容量の関係

(a) 容量直線型

(b) 周波数直線型

〈図5-6〉 周波数と可変コンデンサの回転角の関係

(a) 容量直線バリコンの場合

(b) 周波数直線バリコンの場合

タンスをL_oとすれば，前出の式のように同調周波数f_oは，

$$f_o = \frac{1}{2\pi\sqrt{L_o \cdot C_x}} \qquad \cdots\cdots\cdots (5\text{-}4)$$

と表されます．つまり同調周波数はC_xの平方根に反比例しますから，容量が直線的に変わる可変コンデンサを使うと，**図5-6(a)** のように周波数の高い側の目盛りは詰まり，また周波数の低い側は間延びして選局しづらくなることがわかります．

そこで静電容量が回転角の二次関数で変化する**図5-5(b)** のような可変コンデンサを使えば，目盛りは**図5-6(b)** のように均等に近くなります．実際には浮遊容量があるため，もう少しカーブのきついものが要求されます．このような可変コンデンサは周波数直線型バリコンと呼ばれることがあります．

5.2 可変コンデンサおよび半固定コンデンサの品種と特徴

■ 可変コンデンサ（バリコン）

● エア・バリコン

写真5-1のように特に誘電体を使わない，つまり誘電体が空気という可変コンデンサの

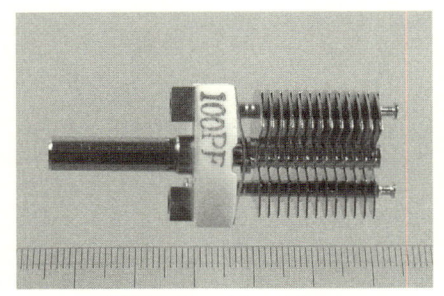

〈写真5-1〉エア・バリコン   〈写真5-2〉ポリ・バリコン

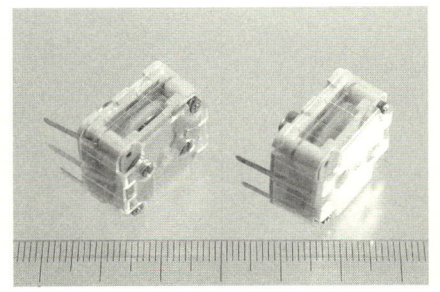

基本形です．エア・バリコンは構造がシンプルで，誘電体損失が小さく Q を高く設定できるために，真空管時代から広く使われてきました．

しかし比誘電率は1で，羽根どうしの短絡を考えれば羽根の厚みやギャップ幅もあまり狭くできないので特にAMラジオに使われるような高容量のものは，かなりの大きさになります．そのためトランジスタ時代になると，次第にポリ・バリコンへと順次シフトしていき，現在では計測器や大電力の高周波回路以外には見かけなくなりました．

羽根はフェノール樹脂やステアタイト製のベースやスペーサで固定されていますが，金属部分が露出しているので，シールド・ケースなどの箱の内部に封じ込める必要があります．

● ポリ・バリコン

写真5-2のように，羽根と羽根との間にポリエチレン・シートを挟み込んだもので，ポリエチレンの比誘電率（約2.1）に近い倍率で静電容量が大きくなります．またポリエチレン・シートが羽根間の接触事故を防ぐので，薄い羽根を狭いピッチで配置できます．このため最大容量あたりの体積を劇的に小さくできます．トランジスタ・ラジオの普及とともに，同調用バリコンの主流となりました．

ポリ・バリコンは，写真のようなキャラメル型の樹脂製ケースに収められています．スーパーヘテロダイン用に複数のユニットが同時に収められているほか，微調整用のポリエチレン半固定トリマまでが内蔵されているものがほとんどです．ポリエチレンは同軸ケーブルにも使われているように，高周波でも誘電正接が小さく，回路の Q をあまり下げることはありません．ただし，ポリエチレン樹脂は軟化温度が70℃前後と低いので，はんだ付けには注意が必要です．

ポリ・バリコンは，ラジオの世界からエア・バリコンを駆逐しましたが，現在では可変容

〈写真5-3〉エア・トリマ　　　　　　　〈写真5-4〉ポリエチレン・トリマ

量ダイオードの量産化やPLL回路の集積化が進み,小型化と高機能化の市場要求もあって,普及型のラジオにもバリコンのないものが増えてきました.

■ 半固定コンデンサ(トリマ)
● エア・トリマ
　構造自体はエア・バリコンと同じで特性はよいのですが,**写真5-3**に示すようにトリマとしては外形がかなり大きくなります.

　現在では高周波大電力回路のインピーダンス・マッチングなどに用途が限定され,あまり見かけることはありません.しかし,エア・トリマがなくては成り立たない回路があるのも事実です.今後も目立たないながらも生き残っていくと思われます.

● ポリエチレン・トリマ
　原理的にはポリ・バリコンの半固定版ですが,単連で厚めの羽根やポリエチレン・シートが使われています.外形は**写真5-4**のように,エア・トリマの小型版に近いものです.

　静電容量は,印刷や樹脂製のベース部品の色で表示されています.実装時や使用時にはポリエチレンの耐熱性への配慮が必要です.

　ポリエチレン・トリマも見かける機会が少なく,また製造メーカも限定されてしまいますが,中電力までの高周波回路の調整にはなくてはならない部品です.

● セラミック・トリマ
　誘電体に低誘電率系のセラミック円盤を使用したものです.諸特性を悪化させずにコンパクト化がはかれるため,現在の半固定コンデンサの主流になっています(**写真5-5**).

　構造は半円形のステータ電極を付けたベース板の上に,やはり半円形の電極を付けた低誘電率系セラミック円盤を載せてロータとし,中心を溝つきシャフトで固定したものです.浮遊容量の変動を抑えるため,金属ケースに収められたものもあります.外形が小さいた

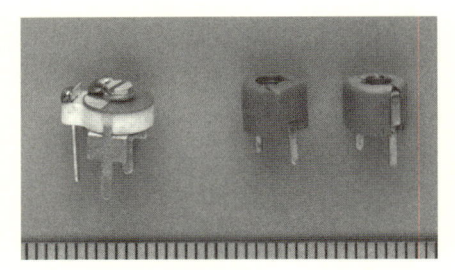

〈写真5-5〉 セラミック・トリマ　　　　　〈写真5-6〉 ピストン・トリマ

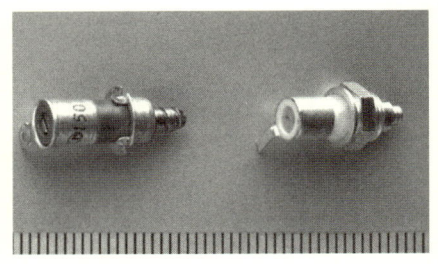

め,静電容量の表示はケース色や色点によるものがほとんどです.

　セラミックは耐熱性が高く,誘電率や厚みを自由に制御できるので,外形を変えずに数種の最大容量の製品を作ることができます.ただし,最大容量と温度係数の組み合わせが連動しているものがほとんどです.

　セラミック・トリマの中には,ロータとステータ電極の区別が難しい製品もあります.このような製品ではケースに切り欠きを付けて極性を区別しています.しかし,困ったことに,この方向がメーカによって違う場合があるので,必ず確認してください.

● ピストン・トリマ

　写真5-6のように,ピストン・トリマは円筒状の半固定コンデンサです.高周波回路や高インピーダンス回路で微小な容量調整の必要な用途に使われます.

　ピストン・トリマには,筒の内外の円筒形電極の重なり面積を変化させるものと,筒端の電極との距離を調整するタイプの2種類があります.いずれもガラスやセラミック筒の管内部に,雄ねじの付いた円柱状のロータ電極が入っています.名称の由来は,ねじを回すことにより,ロータ電極を筒内に出入りさせて調整することからきています.見方を変えれば多回転型のトリマ・コンデンサともいえます.

第6章
抵抗器の適材適所

　各種の記事や文献には，さまざまな回路が掲載されています．しかし具体的にどの部品を使えばよいかについては，あまり触れられていません．

　そこで本章では六つの回路例をもとに，回路を設計する側から見た抵抗品種の選択方法を紹介していきたいと思います．もちろん回路の種類は設計者人口の何百倍もあるでしょう．でも，個々で取り上げる事例の思考過程のエッセンスをくみ取っていただければ，ほとんどの回路に応用ができると信じています．

● 六つの設計事例の概要

(**1**) LEDの電流制限抵抗（カーボン抵抗）

　ただの電源ランプの例です．これ以上ないほどシンプルな回路で，抵抗選択の基本を考えます．

(**2**) ディジタル回路のプル・アップ抵抗（厚膜型集合抵抗）

　ディジタル回路におけるプル・アップ抵抗の意味と手抜き？の方法について述べます．

(**3**) 8ビット精度の5倍アンプ（薄膜型金属皮膜抵抗）

　センサとパソコン用A-Dボードの間に必要なレベル変換用アンプを例に，精度と温度係数について考えます．

(**4**) 高精度の絶対値回路（薄膜型集合抵抗）

　OPアンプを使った理想ダイオードで，精度の高い全波整流器を作るのに有効なペア抵抗の使い方について述べます．

(**5**) 電流センス抵抗（金属板抵抗）

　低抵抗を使った充電電流を検出する回路と，4端子抵抗について考えます．

(**6**) フォト・アンプ（高抵抗型金属皮膜抵抗）

　高感度光アンプの例から，高抵抗の浮遊容量対策とガーディングについて考えます．

6.1　LEDの電流制限抵抗

● ＋5Vの直流電源でLEDを点灯させる

　最初は，ただの電源ランプ回路に使われる抵抗の選び方から始めましょう．

　図6-1は，発光ダイオード（LED）と抵抗だけの回路で，＋5V電源がきている間LEDが発光します．簡単な付加回路ですが，増設カードなどに付けておくと，電源投入中にうっかり抜いてしまう事故を少なくできます．

　この手の抵抗は「5V系では330Ωを付ける」などと定式化して語られることが多いのですが，電源電圧やLEDの種類が変わると，すぐに一般性を失ってしまいます．

　そこで多少煩雑に感じられるかもしれませんが，一度基本的な抵抗選択の考え方に戻ってみたいと思います．たった1本の抵抗も，いろいろな条件を考慮しながら設計と選択を行っているものです．

● LEDの特性と電流制限抵抗

　LEDの寿命は半永久的でしかも扱いやすいために，現在ではインジケータの世界から（白熱）豆電球をほぼ駆逐してしまいました．しかしLEDはその名のとおり「光るダイオード」ですから，図6-1のR_sなしに電源に直結すると大きな電流が流れ，LEDを劣化させ，さらには破壊してしまいます．

　このランプの目的は，室内程度の明るさの中で光っていることが確認できればよいので，汎用の小さなLEDで十分です．ここではφ3の赤色LEDの例としてTLR124［㈱東芝］を

〈図6-1〉電源インジケータ回路

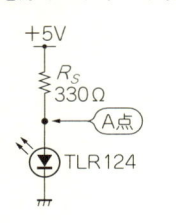

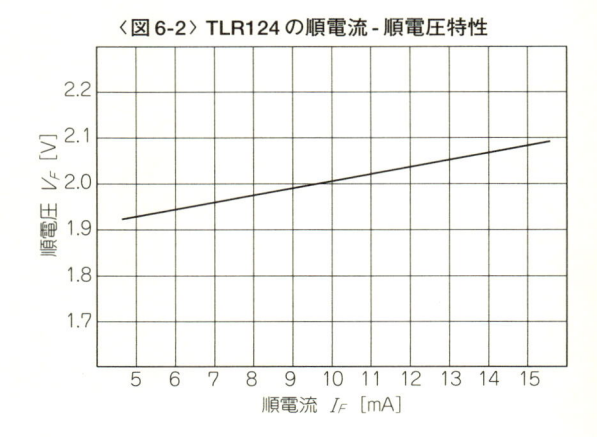

〈図6-2〉TLR124の順電流-順電圧特性

使うことにしました．LEDの発光輝度は，おおむね順方向に流す電流に比例します．このLEDの順電流の最大定格電流は20mAなので，その半分の10mA前後で点灯させることにします．

図6-2は，LEDの電流-電圧の特性グラフです．このグラフから順方向電流I_f = 10mAのときの順方向電圧V_fは約2Vであることがわかります．またこの付近では，多少の電流の増減によってもLEDの電圧があまり変化しないこともわかります．

ちなみに最大電流やV_fの値はLEDの発光色や品種によって異なりますが，V_fが定格電流以内の順電流によってあまり変化しない傾向はほぼ同じです．

● 抵抗値のトレード・オフ

次に，計算によって抵抗値を求めます．先に述べたように適切なR_sをつないでLEDに10mAの順電流を流したとき，図6-1のA点の電圧は約2Vですから，R_sにかかる電圧は，5V − 2V = 3Vとなります．そうするとオームの法則から，電圧3Vで10mA流れるようなR_sの値は，

$$3 \div (10 \times 10^{-3}) = 300\,[\Omega] \quad \cdots\cdots (6\text{-}1)$$

であればよいことがわかります．

単純に考えればこれで抵抗値の計算は終わりですが，実際には単に計算で求めた値の抵抗器は入手しづらいことが多いのです．というのは第1章に述べたように，市販されている抵抗器の抵抗値は，基本的にE系列でそろえられているからです．

実は，(6-1)式で求めた300ΩはE24系列に含まれています．しかし品種によってはE24系列のように細かなステップをサポートしていなかったり，サポートしていても入手しにくい場合があります．

そこで入手の良さと輝度変化のトレード・オフを行うことになります．この事例では電源の確認が目的ですから，発光していることさえ確認できればよく，明るさのばらつきにはあまりうるさくはありません．

というわけで，より入手しやすいE6系列に属する，なるべく近い抵抗値の330Ωを使うことにします．抵抗値を330Ωへ変更した場合のLED電流は約9.1mAで，300Ωの場合より10％ほど暗くなりますが，実用上問題のない範囲です．また抵抗の消費電力は，

$$3 \times 9.1 \times 10^{-3} \fallingdotseq 27\,[\mathrm{mW}] \quad \cdots\cdots (6\text{-}2)$$

と小さなものです．

● 誤差はきびしくない

今度はトレランスについて考えます．前述のとおり，この用途では点灯が確認できれば

よく，多少の誤差は許容できます．それでも複数のカードを並べて使う場合に，明るさの差が目だつのも困ります．人間の視感度を考慮して±20％の輝度誤差を限度としました．

　これは±20％の電流誤差を意味し，R_sの誤差が±20％であることを表します．実際にはLEDの発光効率のばらつきもあり，あまり誤差を追求しても意味はありません．

　なおこの事例では，抵抗温度係数による抵抗値変化の影響は小さく，表面化することはないので，別の項目で扱うことにします．

● カーボン抵抗でいいんじゃないの？

　抵抗器にはとてもたくさんの品種があり，それぞれ得意な分野や特徴を備えています．しかしこの回路に限っては制限事項が少なく，ほとんどの品種が使えそうです．そこで考えるのは，安価で入手が容易な「カーボン抵抗が使えないか？」ということです．

　結果，第1章の**表1-10**から，カーボン抵抗は抵抗値や消費電力，トレランスなどのすべての条件を満たしていることがわかりました．そこで占有面積を考えて1/6Wのものを選定しました．ちなみに330Ω±5％の製品のカラー・コードは「橙，橙，茶，金」になります．

● 事例1のまとめ

　最初LEDの定格電流の半分の10mAで計算を行い300Ωを得たのですが，回路の目的と入手性を考えて330Ωに変更しました．同様に誤差にはあまりうるさくなく，また消費電力から考えても普通の1/6W型カーボン抵抗で十分です．なお，わかりやすい回路で汎用品の使用を想定しているときには，設計者は回路図に特に指示を書き込みません．

　ここでは，＋5Vの電源で赤色のLED 1個を点灯させる例を示しましたが，「制限抵抗は330Ω」というように定式化されると困ります．状況が変われば抵抗値や回路も変わります．章末の**Appendix 2**では他のパターンも紹介していますので，ちょっと頭の体操をしてみてください．

6.2　ディジタル回路のプル・アップ抵抗

　図6-3は，ディジタル回路でよく見かけるプル・アップ抵抗の例です．この回路は左側の装置のU_1から右側の装置のU_2に向かって，約30cmのフラット・ケーブルを通じ，毎秒1回ずつ2桁のBCDデータを送るためのものです．

　なおこの回路では，U_1の$\overline{OE}$端子を使って，U_2側の電源が投入されていないときにはU_1を出力禁止にして，U_2が「ラッチアップ」で破壊されるのを防いでいます．

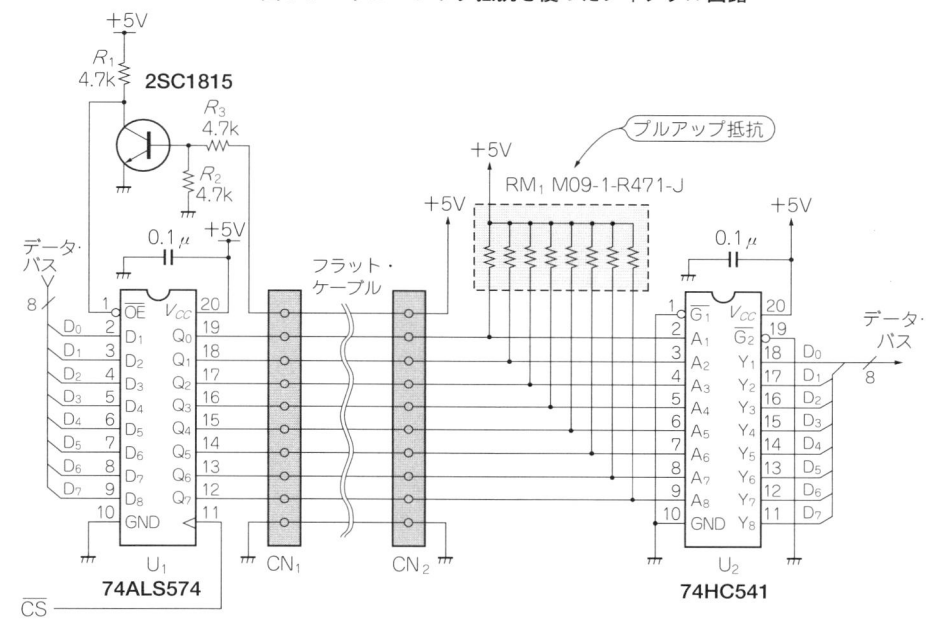

〈図6-3〉 プル・アップ抵抗を使ったディジタル回路

● プル・アップ抵抗のご利益とは？

　プル・アップ抵抗はその名のとおり，信号線のレベルを引き上げるように接続する抵抗のことです．プル・アップ抵抗はなじみの深いものだと思いますが，なぜこれが必要なのかについてはあまり考えたことはないのではないでしょうか．プル・アップ抵抗はどれも同じように見えますが，その目的には大きく分けて次の三つがあります．

(1) レベル確定

　CMOS系ロジックの入力端子がハイ・インピーダンスになったとき，入力レベルが不確定となるのを防ぎます．ハイ・インピーダンスになるのは，コネクタを外したり，3ステートの信号源が出力禁止になったときなどです．

　この状態では少しのノイズや静電気で入力電圧が変化しますが，これがある電圧範囲にさしかかると，ICの電源からGNDに大きな貫通電流が流れたり，寄生発振が起きたりします（図6-4）．この影響は回路自身に留まらず，他の回路の動作をも妨害することになります．そこでプル・アップ（プル・ダウン）抵抗によって入力レベルをHレベルまたはLレベ

〈図6-4〉CMOSの入力を開放しておくと
インピーダンスの高いノイズ源からも影響を受ける
OPEN
入力インピーダンスが高い
+5V
迷容量によるフィードバック
寄生発振
大きな貫通電流
GND

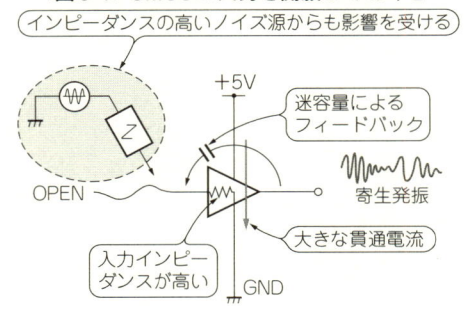

〈図6-5〉TTLとCMOSのレベルの違い 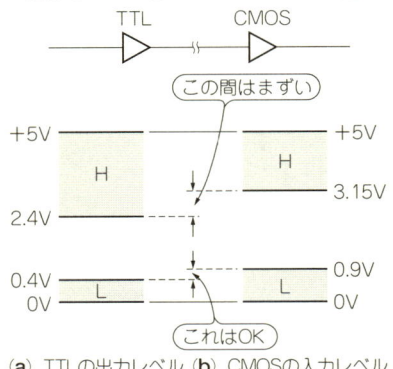
TTL　CMOS
この間はまずい
+5V　　　　　　　　　　　+5V
　　　H　　　　　H
　　　　　　　　　　　　　3.15V
2.4V
0.4V　　　　　　　　　　　0.9V
　　　L　　　　　L
0V　　　　　　　　　　　　0V
これはOK
(a) TTLの出力レベル　(b) CMOSの入力レベル

ルに確定させ，これらの現象を回避します．

　これに対し74ALSシリーズなどの純粋なTTLでは，入力端子の解放はHレベルと同等なので，レベル確定のためのプル・アップ抵抗は不要です．

(2) レベル変換

　TTLレベルの出力レベルをCMOSの入力レベルへ変換します．74ALSシリーズなど，純粋なTTLロジック出力のHレベル電圧は5Vではなく，標準値が3.4V，最低保証値はたった2.4Vに過ぎません．これをCMOSレベルの5V系ロジックに直接つなぐと，受信側のHレベル入力保証値は3.15V以上なので，運が悪いとHレベルとして認識されません．

　これに対しLレベル側では，TTLの出力保証値が0.4V以下，CMOSの入力保証値が0.9V以下なので，問題ありません(**図6-5**)．

　この問題の解決法として，受信側に74ACTシリーズなどのTTLレベル互換のCMOSロジックを使う方法と，プル・アップ抵抗で低めのHレベル電圧を(ちょうどバネで上に引っ張るように)引き上げる方法があります．

　なお，逆の「CMOS出力→TTL入力」の場合には，レベル変換の必要はありません．

(3) インピーダンスの低減

　受信側の入力インピーダンスを下げ，ノイズの混入や信号反射を低減します．

　信号線や回路素子に流れる電流が変化すると電圧も変動します．微小な電流変化Δiに対してΔVの電圧変化が起きたとき，$\Delta V/\Delta i$をインピーダンスと呼び，記号Zで表します．単位は抵抗と同じ[Ω]です．またZの値は周波数によって違います．

　ロジックICの入出力インピーダンスは，ファン・アウトやスピードの関係で，入力のZ

は出力のZより格段に高く設計されています．特にCMOS系ロジックの入力インピーダンスは低周波側でとても高いために，わずかな結合の（Zの高い）ノイズにもすぐ反応してしまいます．このとき入力端子にプル・アップ抵抗を付けると，入力インピーダンスをその抵抗値相当まで下げることができるので，ノイズに強くなります．

多少，考え方は違うのですが，信号を運ぶケーブルやプリント・パターンにも，その形状や素材によって決まる固有のインピーダンスがあります．出力-伝送線-入力の各インピーダンスが違うもの同士をつなぐと，信号反射によって元の波形はひずみ，誤動作を引き起こすことがあります．信号反射はエッジが鋭く，等価周波数の高い信号ほど顕著になります．昨今のICの動作速度（信号速度ではない）は速いので，十分な注意が必要です．

反射を抑えるもっとも基本的な方法は，3者のインピーダンスをなるべく等しく（整合）することです．プル・アップ抵抗は3者のうちもっともインピーダンスが高くなりがちな，受け手の入力インピーダンスを下げる働きがあります．

上記いずれの目的の場合も，プル・アップの抵抗値が小さいほど効果がありますが，送り手側の駆動能力による制限があり，同時に消費電力も増えます．また使用目的のいずれについても，プル・アップ抵抗は受信側の近くに付けないと効果がありません．

● 抵抗値はいいかげん？

図6-3の回路をよく見ると，送信側のU_1が3ステートのTTLで，伝送路は着脱可能なコネクタ付きフラット・ケーブル，受信側のU_2はCMOSです．つまり，この回路のプル・アップ抵抗は前記の三つすべてを目的とした，とても欲張りな使い方をしているのです．

それでは三つの目的ごとに，必要とされる抵抗値の条件を計算していきましょう．

(1) レベル確定

最初はU_2のロジック・レベルの確定について考えます．U_2の入力電流は$1\mu A$以下ととても小さく，U_1の出力禁止時の漏れ電流（$20\mu A$）のほうが大きいので，これを考慮して計算を行います．

U_2のHレベル入力限度を4.5V以上とすれば，$(5V-4.5V)/(20\mu A+1\mu A)\fallingdotseq 23.8k\Omega$となり，ざっと$22k\Omega$以下のプル・アップ抵抗であればよいことになります．

(2) レベル変換

レベル確定と同様に，Hレベルの限度を4.5Vとします．プル・アップによって信号線の電圧がU_1自体の出力電圧（Hレベル）以上になったときは，わずかな漏れ電流がU_1側に流れ込みます．この漏れ電流が出力禁止時と同等であると仮定すれば，レベル確定のときと同じ式で，抵抗値の条件は$22k\Omega$以下となります．

(3) インピーダンスの低減

最後のインピーダンスの計算はちょっとやっかいです.

LS-TTL の出力インピーダンスは出力が H レベルのときと L レベルの場合で違いますが, これらを明示したデータ・ブックを筆者は知りません. ただ, 実験からは L レベルの場合の Z は, ほぼ数十 Ω のオーダと推定できます.

次にポピュラな 1.27mm ピッチのフラット・ケーブルのインピーダンスは, 理論計算から 110 Ω 強[4]になります.

U_2 単独の入力インピーダンスは低周波域で 1MΩ 以上と, これだけが突出してインピーダンスが高く, ノイズ対策と信号反射防止の点から, ほかの二つなみにインピーダンスを下げたほうがよいことがわかります.

*

(1)～(3) の条件のうち, (3) が実質的に抵抗値を規定することがわかります. 心情的には抵抗値をケーブルの Z に近い 110 Ω 程度にしたいのですが, そうすると U_1 には "L" 出力時に 45mA もの電流が流れ, U_1 の定格値を越えてしまうし, 同時に 8 本のプル・アップ抵抗で 2W 近くの電力がむだになります.

そこで完全な整合はあきらめ, 駆動電流を U_1 に無理のない 10mA 程度まで低減することにします. そこで 5V/10mA = 500 Ω に近くて入手容易な抵抗値として, E3 系列に属する 470 Ω を使うことにしました. 消費電力も 8 本で 400mW 程度の増加で済みます.

U_1 は旧型のエッジの緩い IC であり, フラット・ケーブルの遅延時間は U_1 の立ち上がり時間の 1/10 程度なので, この程度の不整合では信号反射による誤動作はまず考えられません.

● ちゃんとトレランスを考える

個々の抵抗値自体は, きっちりとインピーダンス整合を行うわけではありませんから, 低いほうに大きくずれない限り問題はありません. それより抵抗間のばらつきで, 8 本の信号の相似性が崩れることのほうが気がかりです.

そこで信号線ごとの IC やケーブル・インピーダンスのばらつきを約 ±10% と想定し, トレランスをこれに合わせることにしました.

● 手抜きのできる集合抵抗

これまでの条件をまとめると, 前例の LED の点灯に使ったカーボン抵抗で十分に思えます. 実際にそれで問題はないのですが, 8 個も同じ抵抗をはんだ付けするのは面倒です. そこでこの回路では 8 素子入りの SIP 型厚膜集合抵抗を使って, 16 か所のはんだ付けを 9 か所に低減しました.

図6-3に記載した集合抵抗の例ではトレランスが±5％，定格電力は素子当たり1/8Wなので十分です．集合抵抗の詳細については，第3章で触れていますのでご一読ください．

6.3　8ビット±1LSB精度の5倍アンプ

図6-6はフル・スケール±1Vの圧力センサ・ユニットの出力を+5倍に増幅して，入力レンジ±5Vのパソコン用8ビットA-D変換ボードにつなぐためのシンプルなアンプです．現在のA-Dコンバータの誤差は汎用品でも±1LSB(0.39％)以下ですから，このアンプの誤差も無調整でこれ以下に抑えることにします．

この回路には，高精度OPアンプのOP-07CPを使っています．表6-1に示すように，こ

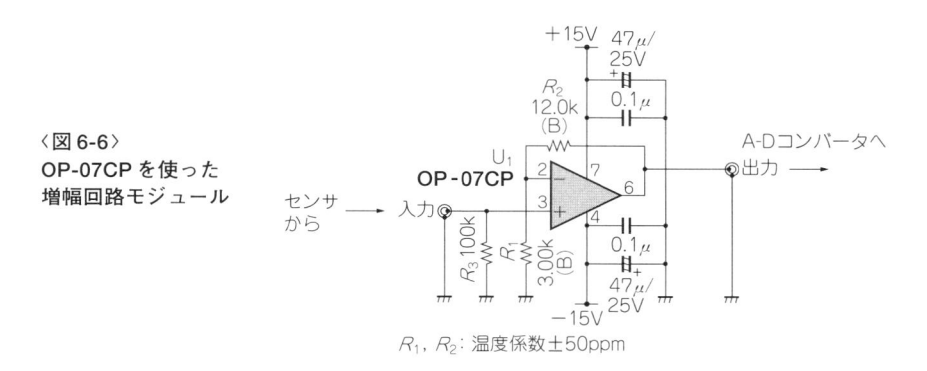

〈図6-6〉
OP-07CPを使った
増幅回路モジュール

R_1, R_2：温度係数±50ppm

〈表6-1〉OP-07CPの電気的特性

項　目		記　号	条　件	最小	標準	最大	単位
入力オフセット電圧		V_{OS}		−	85	250	μV
V_{OS}の温度ドリフト	トリムなし	TCV_{OS}		−	0.5	1.8	μV/℃
	トリムあり	TCV_{OSn}	$R_P=20k\Omega$	−	0.4	1.6	μV/℃
入力オフセット電流		I_{OS}		−	1.6	8.0	nA
I_{OS}の温度ドリフト		TCI_{OS}		−	12	50	pA/℃
入力バイアス電流		I_B		−	±2.2	±9.0	nA
I_Bの温度ドリフト		TCI_B		−	18	50	pA/℃
入力電圧レンジ				±13.0	±13.5	−	V
同相除去比		CMRR	$V_{CM}=±13V$	97	120	−	dB
電源電圧変動除去比		PSRR	$V_S=±3V〜±18V$	−	10	51	μV/V
電圧利得		A_{VO}	$R_L≧2k\Omega$ $V_O=±10V$	100	400	−	V/mV
出力電圧範囲		V_O	$R_L≧2k\Omega$	±11	±12.6	−	V

のOPアンプは最大オフセット電圧±250μV,最大オフセット電流±8nAと,すばらしい特性が-40～+85℃の周囲温度範囲で保証されています.

OPアンプ回路の動作については文献27に譲りますが,このような高性能OPアンプを使うと,回路の精度は抵抗器がほとんど左右します.抵抗器の選択は重要です.

● 抵抗値は何でもよいのか？

まず最初は,この回路中のR_1とR_2の抵抗値条件について考えてみましょう.

(1) R_1とR_2の抵抗比

一般のOPアンプ回路の解説書には,図6-6の非反転アンプの直流電圧増幅率はR_1とR_2の比だけで決まると書いてあります.つまり,

$$V_o = \frac{R_1 + R_2}{R_1} \cdot V_i \qquad \cdots\cdots\cdots (6\text{-}3)$$

の関係がありますから,+5倍を得るには$R_1:R_2 = 1:4$であることが最初の条件です.

この結果だけからは,R_2がR_1のちょうど4倍でありさえすれば,R_1が1Ωでも10MΩでも関係ないはずです.しかし実際には,むやみに低い抵抗や高い抵抗を使うと,思ったとおりの特性が得られません.

[条件1]：$R_2 = 4 \times R_1$

(2) OPアンプの出力ドライブ能力による制限

むやみに低い抵抗が使えない理由は,OPアンプの出力ドライブ能力にあります.

図6-6の回路では,センサから非反転入力端子にV_iの電圧が入ると,出力にはV_iの5倍の電圧が現れます.このときR_1とR_2にはともに,V_i/R_1の電流が流れます.もちろん,この電流はOPアンプの出力端子から供給されますが,これには制限があります.

OP-07の最大出力電流は約20mAです.これを越えると出力がショートしたとみなして,OPアンプ内部の保護回路が作動します.

またOPアンプの出力端子は,これ以外に外部のA-Dコンバータにも電流を供給しなければなりませんから,フィードバック回路で過剰な電流を空費するわけにはいきません.さらに規格ぎりぎりの出力電流を取り出そうとすると,OPアンプ内部の発熱が大きくなり,せっかくのよい特性を崩しかねません.

そういうわけで,OPアンプの最大出力電流の半分である10mAを一応の限度とすれば,センサの最大入力電圧は±1Vなので,$1V/R_1 \leqq 10\text{mA}$から,R_1は100Ω以上,R_2は400Ω以上となります.

[条件2]：$R_1 \geqq 100\ \Omega$ （$R_2 \geqq 400\ \Omega$）

コラム6.a　ペンシル抵抗

　ある日，基板実装の打ち合わせをしていたときのことです．
「それから，この部分は漏れ電流が問題になるので，スタンド・オフ端子と空中配線でお願いします．」
「ああ，基板のここと，この部分ですね．」
「ちょっと待ったッ！，シャーペンで書いちゃダメですよ！」
「え？，でも書き込まないと忘れちゃいますよ．」
　もうおわかりでしょうが，基板に鉛筆で線を引くと，抵抗値は高いにしろ，それは立派な炭素系の抵抗になってしまいます．
　上述の会話に，何かデジャビュめいたものを感じたのは，中学生のころの体験のせいでしょう．ある日，雑誌に載った回路を作ってみようと思ったのですが，240kΩの抵抗がないことに気づきました．当時は四国の田舎に住んでいてE24系列の抵抗など，すぐに入手できません．そこで4Bの鉛筆でパターン間を塗りつぶしてはテスタで抵抗を計り，最後にセロテープを貼ってその場はしのぎました．こういう本を書く身になってしまうと，なぜ他の抵抗とともにパラメータを変更しなかったのかとお叱りを受けそうですが，当時はまだ回路がちゃんと読めなかったものですから…．
　話が脱線しましたが，基板に鉛筆系の筆記用具を使うことは御法度です．また先の細い製図用サイン・ペンの中には，顔料にカーボン・ブラックを使ったものもあるので，使わないほうがいいでしょう．

(3) OPアンプの入力バイアス電流による制限

　今度は，抵抗値の高い側の制限について考えます．この回路のR_1やR_2の値として極端に高い抵抗値が使えない理由はバイアス電流にあります．どんなOPアンプでも，正常に動作させるには二つの入力端子に微小なバイアス電流を流してやらなければなりません．なお，2端子間のバイアス電流差をオフセット電流と呼びます．

　バイアス電流はR_1とR_2を通過しますから抵抗の両端に電圧を発生し，これが電圧誤差となります．バイアス電流は微小なので，ふだんあまり意識せずに使っていますが，R_1とR_2にむやみに高い抵抗値を使うと大きめの誤差となって現れます．

　いま反転入力端子のバイアス電流をI_b，入力電圧を0Vとすると，I_bはR_1からGNDに流れる分と，R_2を経由してOPアンプの出力端子に流れ込む電流に分かれます．R_1のほうがR_2より4倍流れやすいので，I_bの4/5がR_1に，1/5がR_2に流れます．

　そこでR_1のほうを考えると，$4/5 \times I_b \times R_1$だけの電圧が$R_1$の両端に発生することになります．$R_1$の片側はGNDですから，OPアンプの反転入力端子に誤差電圧が加わったことになります．もちろんこの電圧はR_2側で計算を行っても同じ値になります．

一方,OPアンプには二つの入力端子のアンバランスで起こる入力オフセット電圧があります.OP-07CPではこれが±250μVと,とても小さなことが特徴になっています.ですからバイアス電流などが原因の誤差はこれ以下に抑えたいのが人情です.

OP-07CPのバイアス電流は8nA以下なので,$4/5 \times 8\,\text{nA} \times R_1 \leq 250\,\mu\text{V}$ から計算すると,$R_1 \leq 39\,\text{k}\Omega$ となります.ただしこの条件は,OPアンプの基本動作を阻害するものではありませんので,条件2ほど重要ではありません.

[条件3]:$R_1 \leq 39\,\text{k}\Omega$ ($R_2 \geq 156\,\text{k}\Omega$)

世の中のOPアンプ回路には10kΩ前後の抵抗を使ったものが目立ちますが,これはこのあたりの抵抗値に高精度のものが作りやすいことと,上記のような条件によるものと考えられます.しかし多種の専用化されたOPアンプが出回っている現代では,**コラム6.b**にあるように,これが常に正しい選択とは限りません.

● R_1 と R_2 の組み合わせを考える

これまでの抵抗の条件1〜条件3をまとめてみると,次のようになります.

$R_2 = 4 \times R_1$, $100\,\Omega \leq R_1 \leq 39\,\text{k}\Omega$

これから単純に考えれば,$R_1 = 1\,\text{k}\Omega$,$R_2 = 4\,\text{k}\Omega$ などの組み合わせが無数に考えられますが,残念ながらこの場合の4kΩはE系列に含まれないので,入手が困難になります.

コラム6.b　なぜか10kΩ

アナログ回路の特性は,抵抗値よりも抵抗比で決まることが多いはずです.しかしOPアンプ回路の文献や記事には,なぜか10kΩという特定の抵抗値が目立ちます.

その理由はOPアンプの歴史と関係がありそうです.そもそもOPアンプはアナログ・コンピュータ用の個別部品で作られたモジュールでした.それがμA709などのモノリシックICへ置き換えられ,位相補償内蔵型のμA741の登場で他分野にも爆発的に普及しました.そこで,このμA741の仕様から10kΩの謎を解いてみましょう.

● 出力スイングと最大出力電流

μA741の軽負荷出力スイングは,±15V電源で±12Vです.このため回路のフル・スケールには,振幅余裕やSN比,および数字の切りのよさから±10Vが多用されます.一方μA741の最大出力電流は±25mAです.出力端子にはフィードバック抵抗に加え,複数の負荷抵抗がつながるのが普通なので,これらにあまり低い抵抗値は使えません.ここに10kΩを使えば抵抗1本あたりの出力電流は±1mAであり,電流計算も簡単です.

●入力オフセット電流

μA741の入力回路はバイポーラ・トランジスタで構成され,入力オフセット電流は最大500nAもあります.これによって加算されるオフセット電圧は,入力端子から見た直流イン

このような整数比の抵抗を得るには，第1章の**コラム1.a**に示したような方法が考えられますが，ここではもっとも簡単なE系列から組み合わせを見つける方法を採ることにします．

この方法でE24系列から1：4の抵抗ペアを探すと，3：12か7.5：30に限定されます．このうち片側がE12系列に属する前者のほうがやや入手が容易と思われます．そこで抵抗値範囲を考慮して，$R_1 = 3.0\text{k}\Omega$, $R_2 = 12\text{k}\Omega$のペアとしました．

続いて消費電力の計算をしますが，普通はワースト・ケースを想定します．いま入力端子に規定の±1V以上の電圧が入ってしまったとすると，出力電圧は±5V以上にはなりますが，電源電圧の±15Vを越えることはありません．出力が±15Vでアンプのバーチャル・ショートが保たれている場合，R_1, R_2の両抵抗に流れる電流は等しく，その値は，

$$\frac{15}{(3 \times 10^3 + 12 \times 10^3)} = 1 \; [\text{mA}]$$

となります．この値からR_1の最大消費電力は3mW, R_2は12mWと僅かなものであることがわかります．

● **抵抗器に許される誤差**

第1章で述べたように，抵抗器の代表的な誤差にはトレランスと抵抗温度係数がありま

ピーダンスが10kΩのとき5mVです．この値はμA741本来の最大オフセット電圧の±6mVとほぼ同等になります．

●**フィードバック回路のポール**

μA741の入力容量は1.4pF(typ)ですが，配線容量を含めると5pF程度になります．フィードバック抵抗を10kΩとすると，これと反転入力端子の容量でできるポール周波数は，

$$\frac{1}{(2\pi \times 10^{-2} \times 10 \times 10^3)} \fallingdotseq 3.18 \; [\text{MHz}]$$

になります．μA741の*GB*積は1MHz(typ)ですから，多少のリンギングを別にすれば，特に位相補償回路を追加しなくとも発振することはありません．

*

ほかにも10kΩが使いやすい理由をいくつか思いつくのですが，これがどんなOPアンプでも成り立つものではありません．例えば電流帰還型OPアンプでは，指定の低抵抗でないと周波数特性や安定性を乱します．また超低消費電流のOPアンプでは，高抵抗を使い，フィードバック電流の空費を抑えないと意味がありません．

OPアンプの性能が向上し専門化が進んだ現在では，何でも10kΩという考えは改めなければなりません．

す.このうちトレランスは抵抗の表示値(公称値)と実際の抵抗値のばらつきを表し,抵抗温度係数は温度変化によって抵抗値が変わる最大の割合を表す数値です.

いま R_1 と R_2 と個別の抵抗器を使い,しかも両者のトレランスと最大温度係数誤差が同じランクであったとします.もし R_1 と R_2 が低いほう,または高いほうに同時に同じ割り合いだけずれるのであれば,(6-3)式から理論的に増幅度誤差は0(これは後で重要になるのですが)になります.しかし普通は,たとえ同じメーカの同一品種の抵抗を使っても,その保証はまったくありません.

ここでトレランスと温度係数誤差の合計の最大値を $\pm \varepsilon$ ($\varepsilon \geqq 0$)として,(6-1)式の増幅率の誤差が+5倍からいちばん大きくなる意地悪な条件を考えてみると,それは次の二つのうちのいずれかです.

❶ R_1 側に $+\varepsilon$ の,R_2 側に $-\varepsilon$ の誤差があるとき
❷ R_1 側に $-\varepsilon$ の,R_2 側に $+\varepsilon$ の誤差があるとき

このうち後者のほうが分母が小さくなる分,誤差が大きくなることがわかります.

このときの増幅率を,(6-3)式において $R_1 = 3\mathrm{k}\Omega \cdot (1-\varepsilon)$,$R_2 = 12\mathrm{k}\Omega \cdot (1+\varepsilon)$ を代入して計算すると,

$$\frac{V_o}{V_i} = \frac{R_1+R_2}{R_1} = \frac{5+3\varepsilon}{1-\varepsilon} \qquad \cdots\cdots (6\text{-}4)$$

となります.目的の増幅率は+5倍ですから,(6-4)式の誤差 E_a は,

$$E_a = \frac{1}{5} \cdot \frac{V_o}{V_i} - 1 = \frac{8\varepsilon}{5(1-\varepsilon)} \qquad \cdots\cdots (6\text{-}5)$$

になります.冒頭に述べたとおり,この回路に許される最大誤差は8ビットの±1LSB以下,つまり0.39%以下でなければないので,(6-5)式にこれを代入して計算すると,

$$\varepsilon \leqq \frac{5 \times 0.0039}{8 - 5 \times 0.0039} = 0.00244$$

となります.ややこしい計算でしたが,ε を0.244%という小さな誤差以下に抑えなければいけないことがわかりました.

● 抵抗器の選択

抵抗値の誤差条件は±0.244%ですから,トレランスが±5%もあり温度係数が不明のカーボン抵抗が使えないのは明らかです.

それでは部品屋さんでよく見かける厚膜型金属皮膜抵抗はどうでしょうか.残念ながらこの種の抵抗の誤差は,トレランスだけでも±2%か±1%以下ですから,そのままでは使

えません.もちろん無調整という条件を無視して半固定抵抗を併用すれば,トレランスは0に近づけます.しかしこのタイプの抵抗の温度係数は±200ppm程度ありますから,たとえ20℃で厳密に調整し,使用温度範囲を0〜+40℃に限定しても,±4000ppmつまり最大±0.4％の変動が予想されますから,どうしても役不足になります.

　今度は薄膜型の金属皮膜抵抗の中に使えそうなものがないか探してみましょう.このタイプの抵抗で,温度係数±50ppm以下のクラスのものは比較的簡単に見つけられます.これは±20℃あたり±0.1％以下の変動に相当するので,εからこれを引いた残りの0.144％がトレランスに許された分となります.そういうわけで,温度係数±50ppm以下,トレランス0.1％（Bクラス）以下の金属皮膜（薄膜）抵抗ならば,条件を満たします.

　なお,このような薄膜型の抵抗には,ちょっと見ただけでは厚膜型と見分けがつかない外形のものもありますので,購入するときや保管するときには,きちんと区別をつけておく必要があります.

● 事例3のまとめ

　入手の容易さとOPアンプの特性から,$R_1 = 3k\Omega$, $R_2 = 12k\Omega$ としました.また8ビット±1LSBの回路精度でも,抵抗精度は±0.244％以下が必要なので,カーボン抵抗はもちろん汎用の厚膜型金属皮膜抵抗も使えないことがわかりました.そこで温度係数±50ppm以下,トレランス±0.1％以下の薄膜型の金属皮膜抵抗を使うことにしました.

　このため回路図には,抵抗値に加えて誤差ランクの（B）と温度係数を併記しています.ただし設計意図が読めることを前提とした場合は,特にこれらが記入されないこともあります.

6.4　高精度の絶対値回路

　両極性の交流信号を0V付近で折り返して片極性の直流波形に変換する回路には,商用電源の整流回路からマイクロ波の検波回路まで,さまざまな用途のものがあります.

　図6-7は入力電圧の絶対値,つまり入力が正の場合はそのまま,負の電圧の場合は逆極性の電圧が出力される,全波整流器の回路です.この回路の目的はセンサなど,DC〜数kHzと比較的低い周波数の電圧信号を高い精度で変換することにあり,一般に絶対値回路と呼ばれるものです.

　「なんだ,全波整流器ならダイオード・ブリッジでいいじゃないか」と思われるかもしれません.しかしダイオード・ブリッジでは,入出力のGNDを共通化しづらいことや,また

〈図6-7〉OPアンプを使った全波整流器

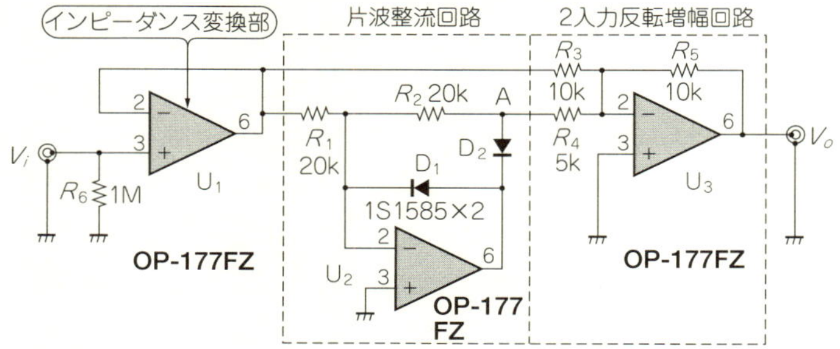

何よりもダイオード2個分のV_{th}(シリコンでは約1.3V)に相当する不感帯ができてしまい，しかもそれが温度とともに変動するので正確な変換ができません．そこで**図6-7**のように，OPアンプを使ってダイオードの非直線部分を圧縮する回路が使われるのです．

この回路も事例2の+5倍のアンプの後段などにつなぎ，ソフトウェアを使わずにリアルタイムに絶対値を求める回路として使うことを前提に，精度を8ビットの±1LSB（±0.39%）以下にすることとします．

● 回路動作の確認

どんな回路でも部品を決めるには，まず回路動作の理解が不可欠です．まず，これをおさらいしてみましょう．

図6-7のU_1はボルテージ・フォロワと呼ばれる+1倍のバッファ・アンプです．「+1倍のアンプならなくてもよいのでは」と考えるかもしれません．実は，この部分は次段の回路の入力インピーダンスが少々低いために，誤差が増えるのを防ぐインピーダンス変換部なのです．これにより，外部から見た入力インピーダンスを高くして，信号源やケーブルの抵抗分による誤差を抑えると同時に，次段の入力から見たインピーダンスを十分低くして演算誤差を小さくするのです．

次のU_2とD_1，D_2，R_1そしてR_2は高精度の片波整流回路を構成しており，ちょっと動作が複雑です．

V_iが正のときは，$R_1 \rightarrow R_2 \rightarrow D_2 \rightarrow U_2$の出力端子のルートで電流が流れますが，$D_1$はこれと逆向きなので動作には関与しません．このときU_2の反転入力端子(-)が0Vになるようにフィードバックがかかるので，上記の電流はV_i/R_1になります．またこの電流は反転入力端子に流れ込むことなく，すべてR_2に流れ出すので，オームの法則からA点の電圧は，$-V_i \times R_2/R_1$になります．この回路では$R_1 = R_2$に設定していますので，A点には$-V_i$の電圧

が現れます.この電流はD_2を通ってU_2の出力に吸収され,U_2の出力はA点よりさらに少々低い電圧(約$-0.65\,\mathrm{V}$)になりますが,それ以外の動作は普通の反転増幅器と同じです.

逆にV_iが負ならば,U_2の出力→D_1→R_1のルートで電流が流れ,D_2はこれと逆方向なので動作に関与しません.正のときと同様にフィードバックによって反転入力端子は$0\,\mathrm{V}$に保たれるので,R_2を経由したA点の電圧も$0\,\mathrm{V}$です.ちなみにU_2の出力は$0\,\mathrm{V}$より1ダイオード分高い約$+0.65\,\mathrm{V}$になり,この電圧はV_iの大きさによってほとんど変化しません.

最後のU_3, R_3, R_4そしてR_5は2入力の反転増幅器です.フィードバックが正常に働いている場合,U_3の反転入力端子はいつも$0\,\mathrm{V}$に保たれ,U_3の出力には,R_3とR_4を流れる電流の合計に$-R_5$をかけた電圧が現れます.

いまV_iが正であったとすると,R_3に流れる電流はV_i/R_3です.またこのときA点には$-V_i$の電圧が現れるので,R_4の電流は$-V_i/R_4$です.この回路ではR_4をR_3のちょうど半分に選んでいますので,R_4の電流の大きさはR_3の電流の2倍で向きが逆になります.したがって両者の合計電流はちょうど$-V_i/R_3$になります.この電流はすべてR_5を通りますが,この回路のように$R_5 = R_3$としておくと,

$-R_5 \times -V_i/R_3 = V_i$

となり,入力と同じ電圧が現れます.

今度はV_iが負であった場合を考えます.まずU_1の出力はいつもV_iですから,R_3を流れる電流も,V_i/R_3です.ところが今度はA点の電圧はV_iが負であればいつも$0\,\mathrm{V}$ですから,R_4を流れる電流も$0\,\mathrm{A}$です.したがってR_5に流れる電流はR_3の分だけになり,U_3の出力は$R_5 = R_3$なので$-V_i$になります.

このようにして,V_iが正のときはV_iが,V_iが負のときには$-V_i$がU_3の出力に現れるので,入力の絶対値が得られるのです.

● 抵抗のペアを考える

さて,このように回路の動作について考えてみると,抵抗がいくつかのペアになっていることに気づきます.

まず,R_1とR_2は$1:1$のペアでU_2の出力ゲインを,それもV_iが正のときだけの増幅率を決定しています.そして以降の回路部分には,R_1とR_2の抵抗値ではなくその比の正確さが,V_iが正のときだけ影響することに気づきます.

次にR_3とR_4の比は$2:1$で,R_4はV_iが正のときだけ動作し,この比がずれるとV_iの正側と負側のマッチングが崩れることがわかります.

また$R_3(R_4)$とR_5の比は$1:1(2:1)$で,これは回路全体のゲインを決定します.特にV_i

が負のときの増幅度誤差は R_3 と R_5 の比だけで決定します.

ところでトレランスだけを考えれば,上の三つのペアのうち,$R_1:R_2$ のペア性の崩れは,$R_2/R_1 = R_3/2/R_4$ になるように R_4 を調節することで解消できますし,$R_3:R_5$ のペア性は R_5 を調節すれば正確に合わせ込むことができます.

しかし温度係数誤差に関しては,$R_1:R_2$ と,$R_3:R_4:R_5$ の2組のペア内の抵抗でちゃんと考慮されていないと,温度変化に弱い回路になってしまいます.

● 抵抗値範囲を決める

この回路で使うOPアンプは,市販されているモノリシックOPアンプの最高クラスに属するOP-177FZです.このアンプの特性は,**表6-2** に示すように $-40 \sim +85$℃の広い温度範囲においても,オフセット電圧は最大で $\pm 40\mu$V,バイアス電流も最悪で ± 4.0 nA という,きわめて優秀なものです.

まず入力条件を $-5V \leq V_i \leq +5V$ として,事例3の+5倍アンプの回路と同様にOPアンプだけの立場から抵抗値条件を求めると,

$$R_1 \geq 500\,\Omega,\ R_2 \leq 20\,\mathrm{k}\Omega,\ R_3 \geq 1\,\mathrm{k}\Omega,\ R_5 \leq 20\,\mathrm{k}\Omega$$

となります.ただし事例3でも述べたように,20 kΩのほうの制限はさほど重要ではなく,ほかの回路条件とトレード・オフを考える余地があります.

この回路では D_1 と D_2 (1S1585)が新たな要素として加わっています.ダイオードの電流-電圧曲線は垂直に立ち上がるのではなく,例えば 10 nA ～ 1 mA の間には 0.2 V ほどの電圧

〈表6-2〉OP-117FZの電気的特性

パラメータ	記号	条件	最小	標準	最大	単位
入力オフセット電圧	V_{OS}		—	15	40	μV
V_{OS} の温度ドリフト	TCV_{OS}		—	0.1	0.3	μV/℃
入力オフセット電流	I_{OS}		—	0.5	2.2	nA
I_{OS} の温度ドリフト	TCI_{OS}		—	1.5	40	pA/℃
入力バイアス電流	I_B		−0.2	2.4	4.0	nA
I_B の温度ドリフト	TCI_B		—	8	40	pA/℃
入力電圧範囲	IVR		±13.0	±13.5	—	V
同相除去比	CMRR	$V_{CM} = \pm 13$V	120	140	—	dB
電源電圧変動除去比	PSRR	$V_S = \pm 3$V〜±18V	110	120	—	dB
電圧利得	A_{VO}	$R_L \geq 2$kΩ $V_O = \pm 10$V	2000	6000	—	V/mV
出力電圧範囲	V_O	$R_L \geq 2$kΩ	±12.0	±13.0	—	V
消費電力	P_d	$V_S = \pm 15$V,無負荷	—	60	75	mW
電源電流	I_{SY}	$V_S = \pm 15$V,無負荷	—	2.0	2.5	mA

差があり，これが U_2 のフィードバック・ゲイン分の1（最小250万分の1@DC）に圧縮されるものの，あまり R_2 や R_4 を下げて使うことは，ダイオードの温度上昇を含めて不利な方向になります．ですから上記の条件を満たす，なるべく高い値を使うことにします．

● 誤差の計算

回路動作の確認で述べたように，この回路の抵抗誤差は二つのグループに分けて考えることができます．

まず R_1 と R_2 のペアは V_i が正のときだけ関与します．例によってトレランスと温度係数誤差の合計を ε で表すと，回路誤差が最大になるのは，R_1 に $-\varepsilon$，R_2 に $+\varepsilon$ の誤差があるときで，A点の回路ゲインは $-(1+\varepsilon)/(1-\varepsilon)$ になります．

次に V_i が正のとき R_3，R_4，R_5 の組み合わせで，出力ゲインがもっともずれる場合は，R_3 と R_4 に $-\varepsilon$，R_5 に $+\varepsilon$ があるときで，そのときのゲインについて誤差を計算すると，

$$\frac{2(1+\varepsilon)}{(1-\varepsilon)} - 1 \leq 1.0039$$

が条件になります．2次式になってややこしいのですが，これを解くと $\varepsilon \leq 0.0487\%$ とたいへんきびしい値になります．

V_i が負のときは R_3 と R_5 だけを考えればよいので，R_3 に $-\varepsilon$，R_5 に $+\varepsilon$ があるとき，

$$\frac{-(1+\varepsilon)}{(1-\varepsilon)} \geq -1.0039$$

から $\varepsilon \leq 0.194\%$ となり，上の条件よりは甘くなります．

● 抵抗の品種を決める

ここまでの計算から，この回路に使用可能な抵抗器のトレランスと温度係数を総合した誤差は $\pm 0.0487\%$ と，とても精度の高いものになります．

第1章にも述べたとおり，トレランスは半固定抵抗の併用などで小さくできますが，温度係数は改善されません．このような高精度回路では温度係数のほうが重要になってきます．例えば仮に20℃のときのトレランスが0であったとしても，0〜40℃において温度係数が24ppm以下でなければ上記の条件を満たせません．

このように小さな温度係数は，通常の薄膜型金属皮膜抵抗でも得られない領域になり，個別の抵抗を使うならば金属箔抵抗をはじめとする超高精度抵抗に限定されます．しかし超高精度抵抗は高価で，しかも入手もたいへんなので，なるべく使いたくありません．

こういう場合には第3章に述べたように，トレランスや温度係数のペア性の保証された薄膜型集合抵抗を使うテクニックが有効です．そこで薄膜型集合抵抗を使って**図6-7**の回

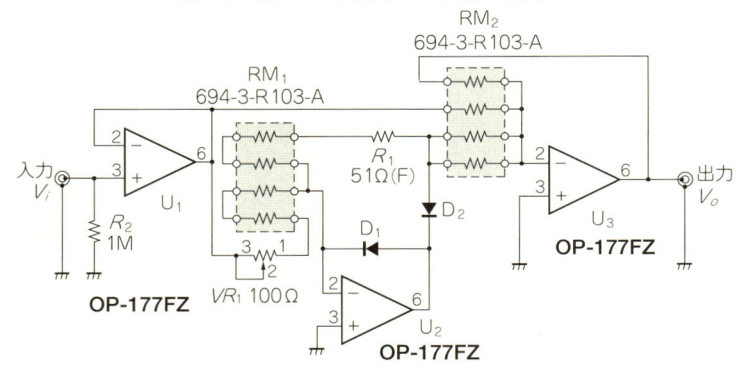

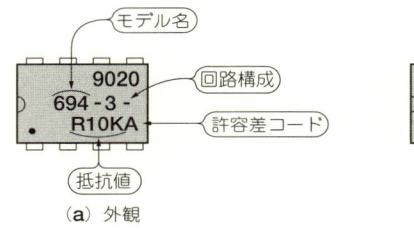

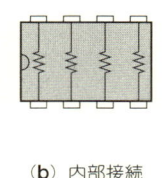

〈図6-8〉図6-7の回路をペア抵抗に変更

〈図6-9〉
694-3-R10kΩ-Aの接続と特性

(a) 外観
(b) 内部接続

抵抗値許容差コード	A	B	D
抵抗値許容差(@25℃)	±0.1%	±0.1%	±0.5%
抵抗比	±0.05%	±0.1%	±0.1%
抵抗温度係数	±50ppm/℃		
抵抗温度係数トラッキング	±5ppm/℃		

(c) 抵抗値許容差

路を書き直したのが図6-8です．

　この回路では相対温度係数誤差が±5ppm，相対トレランスが±0.05%であることが保証された4本組の双子（四つ子？）の10kΩ薄膜集合抵抗を2組使っています（図6-9）．

　図6-7のR_3とR_5に相当する抵抗には集合抵抗の1素子ずつを，R_4には2素子を並列につないで5kΩ相当として使っています．興味深いのはこのようにして合成した抵抗値も，互いに±5ppmの相対温度係数誤差と，0.05%の相対トレランスが保証される点です．

　また図6-7のR_1とR_2に相当する抵抗には，薄膜集合抵抗の2素子ずつを直列に接続して20kΩを2個作り，トレランスの調整のために片方には51Ωの金属皮膜(厚膜)抵抗を，もう一方には100Ωのサーメット型半固定抵抗を，それぞれ直列につなぎました．

ここでもう一つ考えておかなければならないのは，新たな 51 Ωの抵抗と 100 Ωの半固定抵抗が加わったことによる温度係数の悪化です．いま 51 Ωの抵抗の温度係数が ±200ppm/℃であったとします．しかし20.051kΩに対する温度係数誤差は，貢献度（？）が低いために，

$$\frac{\pm 200 \cdot 51}{20051} = \pm 0.509 \text{ppm/℃}$$

にしかなりません．

　これと同様に可変抵抗に良質なサーメット型を使うと，温度係数を ±200ppm/℃ 以下に抑えることができるので，この調整値を仮に 100 Ω いっぱいに設定したとしても，

$$\frac{\pm 200 \cdot 100}{20100} = \pm 0.995 \text{ppm/℃}$$

程度です．

　したがって最悪の条件を設定しても全体の温度係数は 5 + 0.509 + 0.955 = 6.464ppm/℃ 以下となります．つまりこの回路では，新たに付加した固定抵抗器および半固定抵抗器をトレランス調整に必要な最小限度にとどめているので，温度係数をほとんど悪化させないのです．

　2段総合の温度係数は二つのブロックの温度係数の和以下となりますから，±11.46ppm としても ±20℃ で ±0.023％ 以内に収まります．そうすると調整後でも残りの ±0.0257％ のトレランス誤差までは許されることになります．

　調整は入力端子に負の基準電圧を入力しながら，半固定抵抗で出力電圧が入力と同じになるようにしますが，この可変範囲は ±0.1％ 程度ですから調整は難しくありません．

　この回路の決め手はペア性の保証された薄膜集合抵抗にあります．もちろん2個の集合抵抗を使わずに，ペア性能が同等以上で6素子以上をパックしたものを使用してもかまいませんが，逆に複数のパック間をまたぐような使い方ではペア性は保証されません．

　ところで，同じメーカの同じ抵抗値の同一ロットの高精度抵抗を使えば「個別抵抗でもペア性がある程度保たれる」という説をよく耳にします．これはまちがいではないのですが，そのペア性とはどの程度かについては，メーカ側は何も保証してくれないのが普通です．これをユーザの側でまじめに検証するとなると，千本程度の抵抗を恒温層に入れてチェックする必要があります．

　この回路では設計値を満たし，比較的に入手が容易なペア抵抗として，BIテクノロジー社製の8ピンDIP型の #694-3-R10kΩ-A を採用しましたが，このほかにも複数の高精度抵抗のメーカから，素子数やペア性のランクごとに多種のペア抵抗が発売されています．

● 事例4のまとめ

この例のような使用抵抗素子数の多い高精度回路では,抵抗の温度係数が誤差を決めてしまうのがほとんどです.このとき個別の金属箔型超高精度抵抗を使う方法もありますが,比較的安価で入手も容易な薄膜集合抵抗を活用することにしました.

最後に残ったトレランス誤差をキャンセルするために,固定抵抗器と半固定抵抗器を付加しましたが,付加する抵抗値を最小限に切り詰めたので,温度係数をさほど悪化させずに済みました.回路図には2組の集合抵抗のパッケージ(ペア範囲)を示す点線の囲いと,具体的な機種名が書き込まれています.

余談になりますが,文献27にもあるように,精度の決め手になる薄膜集合抵抗を使った回路を市販のボード類にあまり見かけないのは,筆者も不思議に感じるところです.

6.5 電流検出抵抗

私たちが,普通「電源」と聞くと直流の定電圧電源を連想しますが,電池の充電や磁気デバイスの駆動,テレメータなどでは定電流電源のほうが有効という場合があります.

ここでは鉛蓄電池を急速充電する回路の一部を例にとって,電流検出抵抗について考えてみます.

● 鉛蓄電池の充電回路

私たちの生活に身近な電池も,いざ設計に盛り込もうとすると,化学製品だけになかなか気むずかしい面を見せるものです.鉛蓄電池は2次(充電)電池の元祖として歴史ある電池ですが,電極を改良したり電解液をコロイド状にして密閉したりと改良を重ね,現在でも大容量/低価格の充電電池の代表の座にあります.しかし2次電池に共通して言えるのは,充電のしかたを誤ると寿命を短くしたり,事故を招くことがあることです.

図6-10は,もっとも一般的な鉛蓄電池の充電回路です.電池の充電電圧よりやや高い電圧源から適当な抵抗を介して充電する方法です.充電が末期に近づくと電池の電圧は上昇するため充電電流は徐々に減り,最後には「補電」程度になります.この方法は回路が簡単で電池寿命を損なわないのですが,充電に一晩程度かかるのが普通です.かといって勝手に電源電圧を上げたり抵抗を小さくすると,充電開始直後に大電流が流れたり,充電終了後も大きめの電流が流れて過充電になり,電池を傷めてしまいます.

ところで電池は電気化学デバイスであり,充電することは電池内部の電極活物質の酸化/還元反応を放電時と逆に起こすことです.この反応量は与える電荷量で決まり,これは電

6.5 電流検出抵抗

〈図6-10〉一般的な鉛蓄電池の充電回路

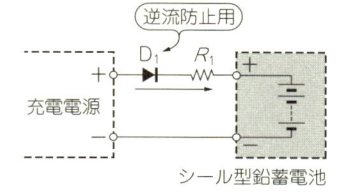

〈図6-11〉シール型鉛蓄電池（12V, 6.5Ah）の充電回路

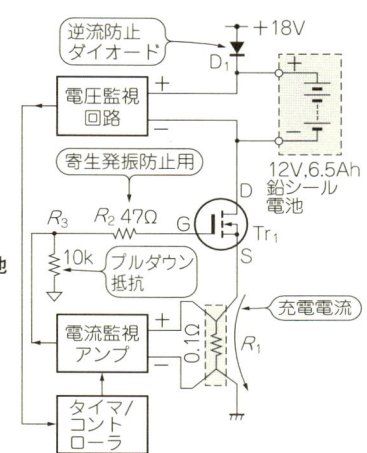

流に時間をかけたものです．ですから定電流回路を定められた時間だけ動作させるようにすれば，電極をあまり傷めることなしに急速充電が可能になります．

● 回路の動作

図6-11の充電回路は12V, 6.5Ahのシール型鉛蓄電池を充電するもので，電池自体は1CA充電，つまり1時間充電が可能なものです．この回路では充電電流を5Aに設定し，損失分を見越して1時間20分で充電を完了することにしました．

まず電源としては+18Vの定電圧電源を使い，これを逆流防止ダイオードD_1をとおして鉛蓄電池の+極に接続します．

充電電流は，電池の－極側からパワーMOSFET（Tr_1）を通って，電流検出抵抗R_1からGNDに流れ込みます．この回路ではTr_1を充電電流調整のための電子ボリュームとして使っています．このとき抵抗R_1の両端には，オームの法則にしたがって，充電電流に比例した電圧が発生します．電流監視アンプはR_1の電圧が一定になるようにTr_1のゲート電圧を調整します．

この定電流回路はタイマ/コントローラによって1時間20分の間ONになりますが，充電中の電池の電圧に異常が見つかった場合には，電圧監視回路によってただちに充電を中止します．なお図中のR_2はTr_1の寄生発振防止，R_3は非制御時のプル・ダウン抵抗で，ここで述べる回路動作には直接関係ありません．

● 電流検出抵抗の抵抗値

この回路では熱損失を抑えるために，電源電圧を必要最低限の+18Vにしています．

D_1には，低損失のショットキ・バリア・ダイオードを使用し，5A通過時の電圧損失を約0.6Vに低減しています．

　一方，充電中の電池電圧は，充電の終わりのころには約16Vになりますので，このときTr_1のドレイン-ソース間とR_1にかかる電圧の合計は約1.4Vにしかなりません．

　ところでMOSFETではゲートに十分高い電圧をかけても，ドレイン-ソース間にON抵抗が残ります．Tr_1はとても優秀なFETですが，それでも最大0.1Ωの抵抗分が残ります．ですから，これとR_1を足した値に通過電流の5Aをかけた電圧が，先の1.4Vを越えるとTr_1はコントロール能力を失います．つまり，

$$(0.1\,\Omega + R_1) \times 5A \leq 1.4V$$

の関係から，R_1は0.18Ω以下でなくてはなりません．かといってR_1を極端に小さくすると，検出電圧が小さくなり過ぎてノイズや電流監視アンプのオフセットなどに埋もれてしまいます．そこでR_1には多少余裕をみて0.1Ωを使うことにしました．

　この抵抗値での5Aあたりの検出電圧は0.5Vになり，計算も簡単になります．また，この抵抗の消費電力は0.5[V]×5[A]=2.5[W]と，少々大きいことがわかります．

● 抵抗誤差と4端子抵抗

　電池は電気化学デバイスですから，温度による影響が大きいものです．また電極の有効面積などは±10%程度の個体差が見込まれます．そこで充電電流の精度も±10%に設定し，そのうち電流検出抵抗にざっと±5%，電流検出アンプに残りの約±5%を配分することにします．それでも0.1Ωの±5%は±0.005Ω（5mΩ）と，とても小さな値になります．

　ところで，このように低い抵抗値では部品のリード線の抵抗による誤差が無視できなくなってきます．しかもこの抵抗は充電時にかなりの熱を発生するので，基板にぴったり取り付けると基板上のほかの部品を熱したり，はんだ付けの信頼性を下げてしまいます．したがって抵抗器を基板から浮かしたり，ケースに取り付けて放熱することになるので，どうしてもリード線が長くなってしまいます．

　いまリード線が直径0.8mmのすずめっき銅線で，片側で5cmずつの長さがあったとすると，**図6-12**のように20℃で1.88mΩのリード線抵抗2本分が直列に加わることになりますが，これは誤差目標の5mΩに近い値です．しかも銅の温度係数は+4000ppm/℃以上と大きいので，発熱する抵抗器のリード線抵抗は大きく変動します．

　こういった場合に抵抗器内部の抵抗体から2組ずつ，合計4本のリード線を引き出した4端子抵抗を使うと，リード線の影響をうまくキャンセルできます．**図6-13**のように4端子抵抗では，電流用のI端子と，電圧検出用のE端子が2本ずつ付いています．

〈図6-12〉リード線の抵抗分

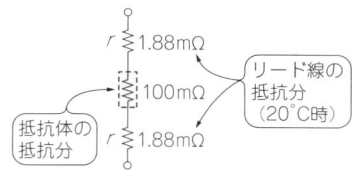

〈図6-13〉4端子抵抗

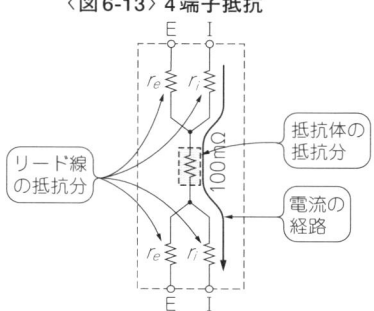

いま二つのI端子間に5Aの電流が流れると,I端子のリード線2本の抵抗分r_iによっても電圧が生じ,合計で$5 \times (0.1 + 2r_i)$の電圧が生じるのは普通の抵抗と同じです.

一方,E端子にはOPアンプを使った電流監視アンプを接続します.ここでアンプの入力抵抗を数百kΩと高くしておけば,0.5Vの検出電圧でも電流監視アンプ側には数μAの電流しか流れないので,E端子のリード線抵抗r_eによる電圧降下はI端子側の約100万分の1になり,事実上無視できます.

ただし4端子抵抗を使うときにはE端子になるべく電流を流さないことが鉄則ですから,回路構成に工夫が必要です.例えばE端子の片側を安易にGNDにつないでしまうと,設計者がそのつもりでなくとも,E端子とI端子のGND側には仲よく2.5Aの電流が流れ,台なしになってしまいます.E端子に大きな電流を流さないためには,

❶ 電流検出アンプにインピーダンスの十分高い差動アンプを使う.

❷ 制御系を充電電源と別電源にする.

❸ 制御系のGNDをE端子だけから引き,制御系の消費電流をなるべく小さくする.

などの手法があります.ここではインスツルメンテーション・アンプを使う❶の方法を採用しています.

● 2端子抵抗で作る4端子抵抗

実際に市販されている4端子抵抗は,この回路よりさらに精度の高い用途を目的にしたものが多く,温度係数も50ppm/℃以下と優秀過ぎるのものがほとんどですし,製作メーカも限られてしまいます.

そこで普通の2端子の抵抗を使って,4端子抵抗を作る方法も考えておきましょう.

まず低抵抗を得意とする金属板抵抗や巻き線抵抗の中で0.1Ω±2%以下のトレランスを保証している製品をピックアップします.次にカタログをよく見て,そのうちリード線上

に抵抗測定点が定義されているものを探します．後はこの抵抗測定点にE端子用の電線を高温はんだで付けるだけで4端子抵抗ができあがります．

　この方法で作った4端子抵抗は，温度係数が専用のものより大きいことと，見た目の問題を除けば立派な4端子抵抗として使えます．この手法は特殊なものではなく，白金測温体のリモート測定などで，電線の抵抗分の影響をキャンセルする一般的なテクニックなのです．

● **抵抗器の選定**

　4端子型の抵抗は，メーカさえわかれば比較的簡単に入手できますし，価格もかなりこなれてきました．ここでは10W型のモールド4端子金属板抵抗を考えてみましょう．

　この抵抗の抵抗値範囲は0.01Ω～1Ωで，E6系列の抵抗値が標準品としてそろっています．したがって0.1Ωの入手は容易です．

　次は温度係数について考えますが，このように抵抗体自身の発熱が無視できない場合は，先に抵抗体の温度上昇を求めます．この抵抗はねじで放熱板に取り付けられるタイプで，抵抗体-パッケージの熱抵抗は3℃/Wです（詳細は文献51）．

　これを，外気に対し5℃/Wの熱抵抗をもつ中くらいの放熱板に取り付けたときの抵抗体-外気間の熱抵抗は8℃/Wになります．この抵抗の消費電力は充電中で2.5Wですから，抵抗体の温度は最高でも周囲温度より 8[℃/W]×2.5[W] = 20[℃] ほど高くなるだけです．この装置の使用温度範囲を0～40℃とすると，抵抗体の温度は充電電流により0～60℃の範囲内になります．

　さてこの抵抗器の抵抗温度係数は30ppm/℃と，とても小さなものです．この公称抵抗値が20℃で定義されている場合，温度による抵抗値変動は，最大でも±30[ppm/℃]×(60[℃]−20[℃]) = ±0.12[%]とわずかな値です．

　通常，抵抗器に許された全誤差（±5%）からこの温度変動分を差し引いた±4.88%がトレランスの許容分になります．しかしちょっとの差で±2%のランクを使うのはもったいないので，電流検出アンプにもう少し頑張ってもらうことにして，抵抗誤差を±5.12%に拡大すれば，入手が容易なトレランス±5%の製品を使えることになります．

　ところで普通の2端子抵抗を使う方法はどうでしょうか．0.1Ωと低い抵抗値は普通のカーボン抵抗などでは無理な領域で，巻き線抵抗や金属板抵抗，低抵抗型の金属箔抵抗などに品種が限られてしまいます．ここでは5Wの金属板抵抗を選定したと仮定しましょう．この抵抗は白いセラミック・ケースに金属板抵抗体を封入したもので，リード線の根元から5mm離れたところで測定したときに±300ppm/℃以下の温度係数が保証されています．

また対外気の熱抵抗は約15℃/Wです．上記同様に抵抗体の温度上昇を求めると，15[℃/W]×2.5[W]＝37.5[℃]となり，周囲温度が40℃のときには77.5℃にも達します．これから温度係数誤差を求めると ±300[ppm/℃]×(77.5－20)[℃]＝±1.73[％]となります．したがって残りの3.27％がトレランスの許容分で，±2％規格のものを使えばよいことがわかります．後はリード線の根元から5mmの点にE端子用の電線を高温はんだで付ければOKです．

● 事例5のまとめ

電流検出抵抗は高い充電電流と低い損失電圧から，0.1Ωとたいへん低い値になりました．このためリード線の抵抗や温度係数が無視できなくなるので，4端子抵抗の手法が不可欠であることがわかりました．

市販の温度係数の低い4端子抵抗を使えば，なんとかトレランス±5％の製品が使えます．通常の金属板抵抗を使うには，リード線の基準点にE端子用のリード線をはんだ付けします．こちらの温度係数はやや高めですが，トレランス2％のものがあれば実用になります．

つまり4端子抵抗は部品というより設計思想に近い部分があり，基板のパターンでEリードも形成できます．ただし，いずれの場合もEリード側になるべく電流を流さないための回路上の工夫が不可欠です．

回路図には4端子抵抗であることを示す記号と囲みが記入され，さらに充電電流の経路を誤らないよう，矢印で電流ループが示されています．

6.6　フォト・アンプ ～ 高抵抗を使うときの注意点

古いカメラの露出計には，セレン光電池やCdS（硫化カドミウム）などの素子がよく使われました．セレン光電池は太陽電池の一種で電源は不要ですが，暗い場所は不得意でした．CdSセルは光量で抵抗値が変わる素子で，電池は必要ですが高感度化が可能でした．しかし，特に暗所での反応速度が遅く，有名な写真家に「どっこい，どっこい」という新語を作らせたほどでした．

現在のカメラには，多分割のフォト・ダイオード（PD）が主流になっています．PDも太陽電池の仲間ですが，普通は光電流を直接エネルギ源にせず，電子回路と組み合わせて使います．PDの特徴は数桁に及ぶ光量-光電流の直線性と高速性にあり，ストロボの背景を含めた自動調光が可能なのはこのためです．

ここでは10ルクス（lux）以下の低照度の明るさを計測するための簡単な照度計を例にし

て，電流-電圧変換に使う高抵抗について考えてみましょう．

● 回路の動作

PDは起電力をもっていますが，受光量とPDの解放電圧の関係は対数カーブになり，また誤差も大きいので，今回の用途には適しません．これに対しPDから流れ出す電流は受光量に正確に比例します（図6-14）．そこで図6-15のようなOPアンプを使ったI-V（電流-電圧）変換回路がよく使われます．

〈図6-14〉S2386-44Kの電気的仕様

パッケージ	受光面サイズ [mm]	有効受光面積 [mm²]	感度波長範囲 λ [nm]	最大感度波長 λ_p [nm]	受光感度 S [A/W] typ.			短絡電流 I_{sc}@100lux		暗電流 I_D [V_R=10mV] max [pA]
					λ_p	GAP LED 560nm	He-Ne レーザ 633nm	GaAs LED 930nm	min.	typ.	
TO-5	3.6×3.6	13	320〜1100	960	0.6	0.38	0.43	0.59	9.6	12	20

暗電流の温度係数 T_{CID} typ. [倍/℃]	上昇時間 t_r (V_R=0V, R_L=1kΩ) typ. [μS]	端子間容量 C_t (V_R=0V, f=10kHz) typ. [pF]	並列抵抗 R_{sh}@V_R=10mV		NEP typ. [W/Hz$^{1/2}$]	絶対最大定格		
			min. [GΩ]	typ. [GΩ]		逆電圧 V_{Rmax} [V]	動作温度 T_{opr} [℃]	保存温度 T_{stg} [℃]
1.12	3.6	1600	0.5	25	1.4×10^{-15}	30	−40〜+100	−55〜+125

（a）電気的仕様

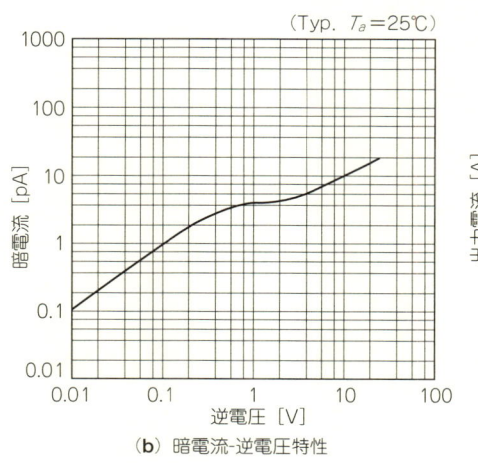

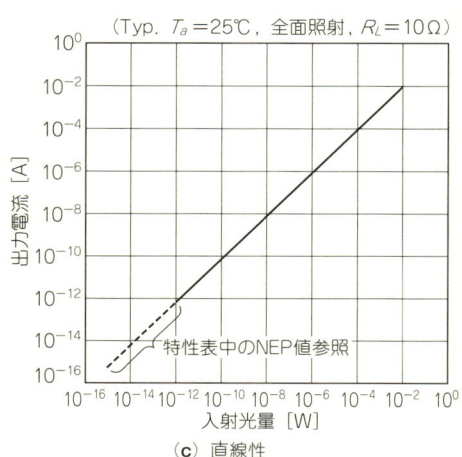

（b）暗電流-逆電圧特性

（c）直線性

〈図6-15〉
I-V変換回路

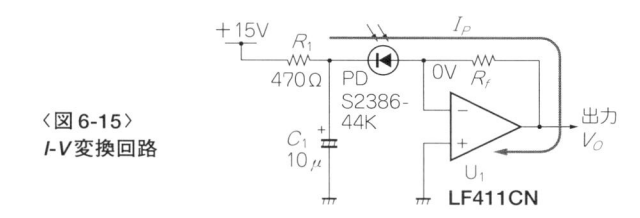

　PDのカソードにはR_1とC_1のフィルタをつうじて+15Vの逆電圧を与え，自己起電力による非直線性を小さく抑えます．PDのアノード側はU_1の反転入力端子に接続し，U_1が正常に動作する限り，GNDに対してバーチャル・ショートが成立しています．

　さて明るさL_p[lux]の光がPDに入射したとき，光電流I_p[μA]がカソードからアノードへ流れ出します．U_1の非反転端子は常に0Vですが，このI_pはすべてフィードバック抵抗R_fをつうじてU_1の出力に吸収されるために，出力電圧V_oは，

$$V_o = - I_p \times R_f$$

と光電流に比例した負の電圧が得られます．L_pによって得られる光電流I_pはPDの受光面積と変換効率，そして波長特性によって決まります．

　ここで使用するPDの受光感度Kが100 luxあたり12μAであったとすると，

$$V_o[V] = - 0.12 [μA/lux] \times L_p[lux] \times R_f[MΩ]$$

の関係が成り立ち，明るさを測定できます．

● フォト・ダイオードを使用する際の注意点

　PDはたいへん優れた受光素子ですが，いくつかの注意点もあります．ここでは，そのうちの代表的な3点について考えます．

　その一つは，光が当たっていなくても微小な電流が漏れ出る「暗電流」があることです．PDのカタログによれば，暗電流はバイアス電圧-15Vで20℃のときに15pA（代表値）とたいへん小さな値で，温度が1℃上がるごとに1.12倍になります．すると40℃では1.12の20乗倍になるので，

$$15 \times 10^{-12} \times (1.12)^{20} \fallingdotseq 145 pA$$

と計算できます．しかし，これは10 luxの光電流（1.2μA）の0.012％にしかなりません．

　第2の注意点は「受光感度のばらつき」があることです．カタログによると，これは±20％以内ですから，0.096～0.144[μA/lux]の間でばらつくことを表しています．

　もう一つの注意点は「寄生容量」です．PDの受光部分はすべてPN接合ですから，通常の半導体部品に比べてはるかに大きな寄生容量があり，大面積のPDほど大きくなります．今

回使用するPDの容量は約1600pFですが,これはR_fとの組み合わせで発振したり,応答速度の遅れを起こす可能性があります.

● フォト・ダイオードの感度調整

今回,使用するPDには感度のばらつきが最大で±20%ありました.これをどこかで調整できるようにしなければなりません.

もっとも簡単な調整法は,このI-V変換回路のR_fを固定抵抗器と半固定抵抗器に置き換える方法です.しかし,この回路の定数は後述するようにかなり微妙な点があります.安定性とノイズの点から,できるだけ余計な部品は付けたくありません.またこの回路の出力は負の電圧になるので,「負の光?」と思わせる欠点もあります.

そこで,この回路の後に±20%の微調整ができる負のゲインをもったアンプ,つまり反転アンプを付けることにしました.こうすれば電流-電圧変換器はシンプルになるし,明るさに比例した正の出力が得られます.

● R_fの抵抗値と温度係数を決める

反転アンプを含めた全体の感度を10 luxあたり10Vにするとします.

初段のI-V変換回路と後段の反転アンプの感度の配分は無数に考えられます.結論からいえば,ノイズやオフセットなどを考慮すると,初段のI-V変換回路の感度をほかに不都合が出ない限り大きく取るのがよい選択です.

不都合の一つはOPアンプの出力レンジです.普通のOPアンプの出力電圧は,両方の電源電圧から2〜3V内側が限度です(**表6-3**).そこで±15Vの電源から少々余裕をみて,初段の出力電圧を±10V程度以内にします.

すると感度+20%のPDに当たってしまったと考えて,

$$-0.144\,[\mu A/lux] \times 10\,[lux] \times R_f\,[M\Omega] \geq -10V$$

から,$R_f \leq 6.94M\Omega$が限界になります.これを越えない入手しやすい抵抗値は,E6系列に属する6.8MΩになります.

PDの感度には±20%の感度誤差があるので,結局後段の調整が不可欠です.ですから出力が飽和したり後段の調整範囲を大きく拡大しない限り,R_fへトレランスの極端に小さな抵抗を使うのはナンセンスです.

それよりはR_fの抵抗温度係数は調整後の感度誤差に関係するので,こちらのほうが重要です.例えば動作温度を20±20℃とし,±0.39%(8ビットの±1LSB)以内の変動に収めようとすると,R_f温度係数は±195ppm/℃以下でなければなりません.

〈表6-3〉LF411の電気的仕様

記号	項目	条件		最小	標準	最大	単位
V_{OS}	入力オフセット電圧	$R_S=10\text{k}\Omega$, $T_A=25°C$			0.8	2.0	mV
$V_{OS}/\Delta T$	入力オフセット電圧(TC)	$R_S=10\text{k}\Omega$			7	20	$\mu\text{V}/°C$
I_{OS}	入力オフセット電流	$V_S=\pm15\text{V}$	$T_j=25°C$		25	100	pA
			$T_j=70°C$			2	nA
			$T_j=125°C$			25	nA
I_B	入力バイアス電流	$V_S=\pm15\text{V}$	$T_j=25°C$		50	200	pA
			$T_j=70°C$			4	nA
			$T_j=125°C$			50	nA
R_{IN}	入力インピーダンス	$T_j=25°C$			10^{12}		Ω
A_{VOL}	電圧利得	$V_S=\pm15\text{V}$, $V_O=\pm10\text{V}$, $R_L=2\text{k}$, $T_A=25°C$		25	200		V/mV
		全温度範囲		15	200		V/mV
V_O	出力電圧範囲	$V_S=\pm15\text{V}$, $R_L=10\text{k}$		±12	±13.5		V
V_{CM}	入力電圧範囲			±11	±14.5		V
					-11.5		V
CMRR	同相除去比	$R_S\leq10\text{k}$		70	100		dB
PSRR	電源電圧変動除去比			70	100		dB
I_S	電源電流				1.8	3.4	mA

● **R_f の品種の選択**

抵抗温度係数が±195ppm/℃以下という条件を満たす品種には,薄膜型金属皮膜抵抗や巻き線型抵抗があります.しかし,6.8MΩという高い抵抗値はこれらの抵抗値範囲外となります.かといって通常の厚膜型金属皮膜抵抗では抵抗値はOKでも,温度係数条件を満たせません.

そこで高抵抗を得意とする高抵抗型金属皮膜抵抗(メタル・グレーズ抵抗)を使うことにします.これは比較的小さな温度係数を維持しながら100MΩ程度までをラインアップしています.今回はこの中から温度係数±100ppmランクの製品を選びました.

またトレランスは,あまり後段の負担を大きくせず,入手も比較的容易な±1%のものとしました.また消費電流は極端に少ないので,形状が小さく浮遊容量も少ない1/4Wのモールド型にしました.

● **後段の設計**

初段の仕様がまとまったので,後段の設計にとりかかります.

標準的な感度のPDの I_p は,10 luxの明るさで1.2μAです.$R_f=6.8\text{M}\Omega$ から,初段の出

力電圧は,
$$-1.2 \times 10^{-6} \times 6.8 \times 10^{6} = -8.16\,\mathrm{V}$$
になります.

　後段の反転アンプは，初段の出力電圧を+10Vに変換しますので，後段の中心増幅率は-1.225倍[$10 \div (-8.16)$]となります．さて，後段の増幅度はPDの感度ばらつきとR_fのトレランスの合計で±21％の可変範囲が必要です．これは$-0.968 \sim -1.483$倍の増幅率に相当します．

　これから回路図を書き直すと，**図6-16**のようになります．この回路の後段ではサーメット型の10回転半固定抵抗VR_1を使って，約$-0.94 \sim +1.56$倍まで増幅率が可変できます．

● 性能を活かすために

　さてPDの光電流は10 luxの明るさで約$1.2\,\mu\mathrm{A}$です．今回の目標精度はこの±0.39％ですが，これは光電流に換算すると約4.7nAという微小な電流に相当します．

　これまでは，この精度を活かすために慎重にR_fなどを選択してきましたが，実はちょっと配慮を欠いた実装をすると，たちまち部品性能の良さを活かせなくなってしまうのです．初段のI-V変換回路にはバイアス電流の小さなFET入力OPアンプ（LF411CN）を使用しましたが，この反転入力端子は2番ピンです．ところがその隣の1番ピンはオフセット調整端子で，常時ほぼ$-15\mathrm{V}$の電圧がきています．

　もしこの1番ピンと2番ピンの間に漏れ電流があると，その分はそのままオフセット電流

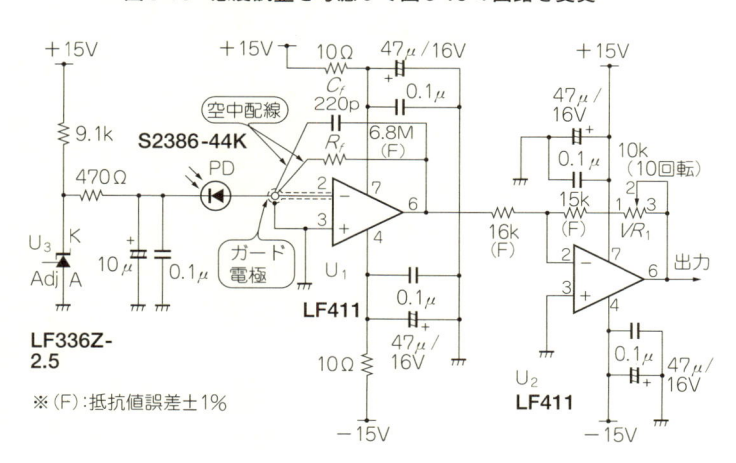

〈図6-16〉感度調整を考慮して図6-15の回路を変更

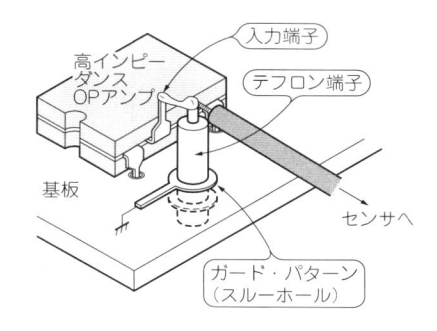

〈図6-17〉
ガード端子

となり,誤差を生じてしまいます.この影響を上記の4.7nA以下にするには,ピン間の絶縁抵抗 R_x を,

$$R_x \geq 15\,[\mathrm{V}]/4.7\,[\mathrm{nA}] = 3200\,[\mathrm{M}\Omega]$$

という,とても高い抵抗値以上に保たなければなりません.ところがOPアンプの足ピッチは2.54mmであり,パターンを含めると配線間隔は1mm程度になってしまいます.この条件ではフラックスや埃がほとんどないとしても,普通のプリント基板で,このように高い絶縁抵抗を確保することは困難です.

こういった場合は2番ピン(反転入力端子)を基板にはんだ付けするのではなく,**図6-17**のように洗浄したテフロン端子を使って配線し,絶縁抵抗を高くします.さらにテフロン端子の根元を,2番ピンと同電位の低インピーダンス点(この場合はGND)に接続したガード電極で囲むことで,漏れ込もうとする電流を吸収できます.

このような高抵抗を使ったフィードバック回路で苦労するもう一つの要因は,寄生容量の影響です.普通のOPアンプ回路と違い,この回路では R_f の値は6.8MΩとたいへん高くなっています.

一方,PDには1600pFという大きな寄生容量があり,等価的にこれが反転入力端子とGNDの間につながった格好になります.ですから何も対策をしないと,時定数が,

$$6.8 \times 10^6 \times 1600 \times 10^{-12} \fallingdotseq 10.9\,[\mathrm{ms}]$$

のポールができ,14.6Hzという低い周波数で位相が−45°回ってしまうので,OPアンプの位相遅れとともに発振を起こしたり,運良く発振しなくとも大きなリンギングが出てしまいます.

この解決のために**図6-16**の回路では C_f を R_f に並列に取り付けて位相補償を行いました. C_f の求め方は文献27などに譲りますが,必要以上に大きくすると信号自体の周波数特性を

損ねてしまいます．

　R_f の抵抗値が高いことによる副作用は，もっと寄生容量の小さな PD を使ったときにも現れます．高抵抗 R_f の物理サイズは極端に小さくできませんので，R_f の端子間の寄生容量や，抵抗体表面と外部のパターンや部品との間に浮遊容量が少なからずできます．

　前者は C_f と同様に帯域を下げ，後者はサブ・ポールを形成し位相シフトを誘うほか，外部のノイズを取り込むこともあります．したがってオシロスコープのプローブなど，高抵抗で高速の回路ではシールドを施し，物理位置を固定したうえでの位相補償が不可欠になります．

● 事例6のまとめ

　PD の感度のばらつきと U_1 の出力範囲を考慮しながら R_f を 6.8MΩ と高い値に設定しました．抵抗品種にはこの抵抗値で ±100ppm 以下の温度係数を得るため，高抵抗型金属皮膜抵抗を使用しました．また PD の感度のばらつきや R_f のトレランス補正のため，増幅率の調整できる反転アンプを後段に付けることにしました．

　微小電流を扱う回路のため，U_1 の反転入力端子はテフロン端子で空中配線することにし，根元にガードリングを設けて漏れ電流を防ぎます．さらに PD の寄生容量による発振を防ぐため，位相補償コンデンサを R_f に並列に取り付けました．

　回路図には R_f の温度係数とトレランスが書き込まれ，さらにガードリングの点線とテフロン端子使用の指示が書かれています．

　この例のように極端に高い抵抗値を使う回路などは，教科書的な技術だけでは上手くいきません．もちろん，本書も鵜呑みにせず，ぜひいちど実験されることをお勧めします．ノイズの乗り方や，発振寸前の不安定な感じは，やはり経験しないとピンとこないものですから．

Appendix 2　LED 点灯のバリエーション

本文では，+5Vの直流電源で赤色LED1個を点灯させる例を紹介しました．ここでは，電源電圧や点灯させるLEDの個数など状況が変わった場合を想定してみました．

■ 電源電圧が変わったりLEDの個数が増えたらどうする

(1) 電源が12Vになったら？

電源が12Vになっても，計算過程は同じです．LEDの品種と順電流が同じならば，R_sにかかる電圧は12V − 2.0V = 10Vですから，R_s = 10V/10mA = 1kΩとなります．もちろん1kΩはどのE系列にも属しますから，トレード・オフは考えません．

(2) 1.5Vの電池で同じLEDを点灯させる

結論から言うと1.5Vの電池では，このLEDに10mAの電流を流すことはできません．V_fの値はLEDの発光色や品種で違い，一般に「赤＜橙＜黄＜緑＜青」の傾向があります．ちなみに青の場合では約3.5V以上の電源が必要です．

(3) 12VでLEDを2個点灯させる

(1)の回路を二つ作ってもよさそうですが，それよりは**図6-A**のように2個のLEDと1本の制限抵抗を直列にすれば，部品数が減ると同時に消費電流も20mAから10mAになります．この場合の計算は(12V − 2V × 2)/10mA = 800Ωとなり，それに近いE12系列の値からR_s = 820Ωとなります．

(4) 5VでLEDを2個点灯させる

(3)の例から(5V − 2V × 2)/10mA = 100Ωと計算できます．100ΩはどのE系列にもありますから，それでOKのように見えます．一般的なロジック電源は5V ± 10%程度ですが，+10%の誤差は5.5Vになり，R_sにかかる電圧は(5.5V − 2V × 2)/100Ω = 15mAと+50%もの増加になります．この値は最大定格以下ですが輝度は大きく変動します．

〈図6-A〉
12VでLEDを2個つける

さらにLEDのV_fのばらつきや温度変動を考え合わせれば，無理に直列接続せず図6-1の回路を2組並列接続されることをお勧めします．ただし，図6-Bのように抵抗器の数を減らそうとLEDだけを並列接続するのは考えものです．というのはLEDのV_fにはばらつきがあり，V_fの低いほうに電流が集中するからです．そうなると温度上昇でそちらのV_fがさらに下がって悪循環に陥り，場合によってはLEDの劣化を招いてしまいます．

■ AC100VでLEDを点灯させるにはどうする

100V用のスイッチ・ボックスに動作表示ランプを付けたいことはよくありますが，白熱電球では寿命に問題があります．こういった場合には，図6-Cのように旧来の抵抗入りネオン・ランプがよく使われてきましたが，今回はLEDを点灯させてみることにしましょう．

実は，最近の家庭用埋め込みスイッチなどにはLEDランプが積極的にとり入れられています．これらの回路の電流制限には，むだな発熱を防ぐために，コンデンサを使っています（図6-D）．しかしここでは，あえて発熱する抵抗器を使用した例を示し，ディレーティングについて考えます．したがって本例の回路は動作はしますが実用的なメリットはありません．

● まずは回路を選ぶ

LEDもダイオードの一種ですから，片方（つまり光るほう）にしか電流は流れないことに

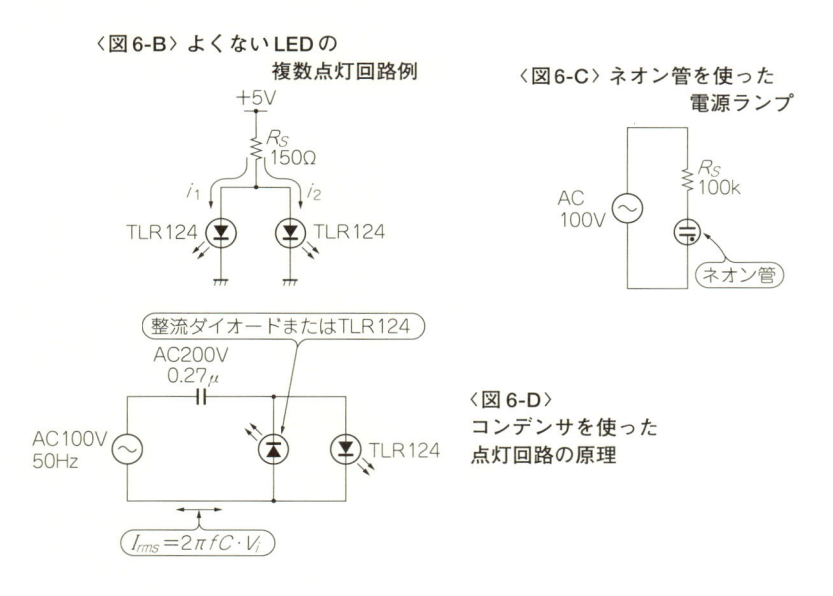

〈図6-B〉よくないLEDの複数点灯回路例

〈図6-C〉ネオン管を使った電源ランプ

〈図6-D〉コンデンサを使った点灯回路の原理

$$I_{rms} = 2\pi f C \cdot V_i$$

なっています．でもしかるべき抵抗を付けて「はい，終わり」とはいかないのが，この例題のミソです．まずLEDの逆方向耐圧は数V程度が普通で，TLR124の場合は4Vです．そういうわけで外部のダイオードで逆電圧を防ぐ必要があります．ダイオードの付け方には，
(1) LEDと逆向きに並列に付ける
(2) LEDの順方向に直列に付ける
の二通りがありますが，発熱を最小にするにはむだな電流のない後者が適しています．つまり100Vの交流をまず整流して，それからLEDに与えるわけです．

次は整流回路をどうするかです．整流の方法には，
(3) 半波整流
(4) 全波整流
があります．またそれぞれについて，
(5) コンデンサを付けてリプルを取る
(6) 整流しっぱなしの脈流で点灯する
方法があります．

まずは(5)か(6)かを考えてみましょう．詳細は省略しますが，リプルを5%程度にするには(3)で33μF，(4)でも15μF以上のコンデンサが必要で，しかも定格電圧は160V以上となります．これでは大げさなので，(6)を採用することにしましょう．

今度は，(3)か(4)かを決めます．LEDの応答速度は速いので，(3)の場合は50/60Hzで，(4)では100/120Hzで点滅しますが，どちらも人間の目には連続点灯のように見えます．この明るさを前の5V点灯のときと同じにするには，平均電流が10mAになるようにします．

(4)の電流波形は折り返したサイン波になりますから，ピーク電流は$\pi/2$倍の15.7mAです．電力のように$\sqrt{2}$ではありません．(3)では半サイクルおきに電流0の期間があるために，(4)の倍のピーク電流31.4mAが必要です．しかし，TLR124の最大定格電流の20mAを越えてしまいます．

そういうわけで，AC100Vをダイオード・ブリッジで両波整流し，その脈流を抵抗R_sを介してLEDに流す**図6-E**の回路が残ったことになります．

● 抵抗値とトレランスを決める

次はLEDのピーク電流が15.7mAになるように，R_sの値を計算します．AC100Vのピーク電圧は141Vですが，これを全波整流するとダイオード2個分の電圧降下によって約140Vになります．また本文の**図6-2**から15.7mA付近のLEDのV_fも約2Vですから，抵抗R_sにかかるピーク電圧は約138Vということになります．したがってR_sの値は，

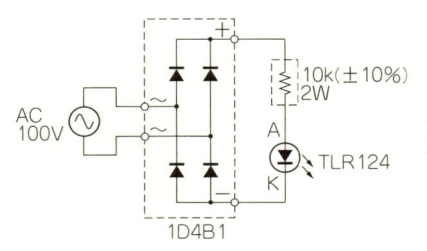

〈図6-E〉
AC100VでLEDを点灯させる回路

$$138 \div 15.7 \times 10^{-3} \fallingdotseq 8.79\,[\mathrm{k}\Omega]$$

と計算できます．8.79kΩという抵抗はE系列にありませんので，近い値を探します．

E24系列には9.1kΩもありますが，思い切って10kΩにしてみましょう．するとピーク電流は13.8mA，平均電流は8.8mAと12%ほど暗くなりますが，あくまでも表示用ですから，問題にはなりません．

また輝度の点では±20%程度のトレランスは許容できますが，ピーク電流がLEDの最大定格電流に近いので±10%を限度とします．

● 消費電力の計算とディレーティング

抵抗に流れる電流/電圧とも，小さなひずみのある折り返しサイン波と考えられます．したがってR_sにピーク電圧138Vの脈流を与えたときの消費電力は，$138/\sqrt{2} \fallingdotseq 97.58$VのDC電源のときと等価ですから，$(97.58\mathrm{V})^2/10\mathrm{k}\Omega \fallingdotseq 0.952$Wと計算できます．

単純に考えれば1Wの抵抗ということになりますが，商用電源には±10%程度の変動が考えられますので，+10%側では1Wを越えてしまいます．そこで余裕を見て2Wの抵抗を使うことにしました．こうすることで，精神的余裕(?)だけではなく，抵抗体の温度を下げ，抵抗器の信頼性と寿命を向上させることができます．このように本来の規格より余裕をみた部品選定のことを「ディレーティング」と呼びます．

● 抵抗器の選択

これまでの計算からR_sの条件は10kΩ±10%以内，消費電力は2Wと決定しました．

10kΩ付近の抵抗値で2W程度の中電力用の抵抗としてもっとも一般的なのは「酸化金属皮膜抵抗」です．この抵抗には外装方法で数種類のバリエーションがありますが，ここでは商用電源を使用し，漏電を嫌うことや発熱が予想されることから，不燃性の絶縁塗装型の製品を採用しました．

● まとめ

最初の回路選択で，全波整流の脈流をLEDに流す方式を採用しました．続いて10mAの平均電流から抵抗値を8.79kΩと計算しましたが，入手の容易さやピーク電流から10kΩ±

10%に変更しました.計算で求めた消費電力は1W弱でしたが,余裕をみて2Wの酸化金属皮膜抵抗を選定しました.これを(電力の)ディレーティングと呼び,信頼性と寿命を向上させるキー・ポイントになります.また使用電圧が高く発熱が予想されるために,不燃性の絶縁塗装型の製品を使うことにしました.

第7章
コンデンサの適材適所

　第6章に引き続き，本章ではコンデンサの選択例を事例を使いながら説明します．
　実際に使用するコンデンサの品種は，抵抗器以上に多く，すべての品種を取り上げることはできません．また回路の種類も無数にありますので，本章では以下の七つの代表的な回路例を述べるにとどめました．
　しかし抵抗器の事例同様に，文中から選択に至る思考過程をくみ取っていただければ，それなりの道標となるものと信じています．

● **七つの設計事例の概要**
（1）電源のパスコン（高誘電率系と半導体系セラミック・コンデンサ）
　ディジタル/アナログを問わず，電源パスコンは必需品ですが，その理由や容量値は「決まりだから」という方がほとんどでしょう．ここでは簡単な回路を例にユニークな考え方でパスコンについて考え直してみます．
（2）3端子レギュレータのコンデンサ（高誘電率系セラミック＋アルミ電解）
　使用頻度の高い3端子レギュレータですが，これは決して魔法の石ではありません．この事例では3端子レギュレータを安定して動作させ，しかもその欠点を補うコンデンサについて考えます．
（3）電源平滑用コンデンサ（アルミ電解）
　よく見かけるコンデンサ・インプット型電源の平滑コンデンサの耐圧と容量は，どうやって決めていますか？ここではごく簡単な近似計算を使って「とりあえず大きなコンデンサを使う」方式からの脱却を図ります．
（4）長時間タイマ（タンタル/積層フィルム）
　長時間タイマのコンデンサの漏れ電流と回路のトレード・オフについて考えます．
（5）結合用コンデンサ（無極性電解）
　簡単なビデオ・バッファ回路を例にして，結合用コンデンサの選択について考えます．

(6) 積分コンデンサ（PPコン）

2重積分型A-Dコンバータに使われる積分コンデンサと誘電体吸収について考えます．

(7) 水晶発振回路のコンデンサ（マイカ）

水晶発振回路を例に，高周波タンク回路のコンデンサについて考えます．

7.1　電源のパスコン

　パスコンとは，デカップリング・コンデンサの俗称で，特にそういう名前のコンデンサがあるわけではありません．この事例ではディジタルICを使ったクロック・ドライバ回路を例に，IC用電源のパスコンについて考えます．

　いまやICの電源部にパスコンを付けるのは常識ですが，その理由や容量値は「決まりだから」という方がほとんどでしょう．パスコンは回路図に書き込まれていないケースもあります．場合によっては回路を製作する側が，配線状況に合わせて個数や位置などを決める権利（義務？）をもつ典型的な項目なのです．それにはまず，パスコンの存在理由についての理解が必要です．

● パスコンがないと何が起こるか

　もし電源のパスコンを省略すると何が起こるのでしょうか？

　その答えは回路内容と実装状態しだいで変わります．ICが発振して過熱するという最悪のケースから，ときどき誤動作が起こる程度，果ては何ごともなく動作してしまう回路まで多種多様です．

　ただし，何ごとも理解して省略するのと，何も知らずに付けないのとでは，結果は同じでも大きな価値の差があります．

● 電源の消費電流は一定ではない

　図7-1の回路は，ある大きな基板の回路のごく一部を抜き出したもので，水晶発振器で作った一つのクロック信号を五つに増やして基板内に配信する単純なバッファです．

　表7-1に示した74ACT04の規格を見ると，ICの静止時消費電流は，さすがにCMOS系ロジックだけあって最大でも$40\mu A$と，とても小さな値です．

　しかし，これは信号の変化のない静止時の話です．実際にクロック信号を入れて動作させると，各インバータの出力は"H"と"L"を繰り返しますが，この"L"から"H"，または"H"から"L"へ変化する瞬間に，多くの電源電流が流れるのです．

　この瞬間電流の正体は，IC内外の寄生容量を充放電する電流と，内部トランジスタの貫

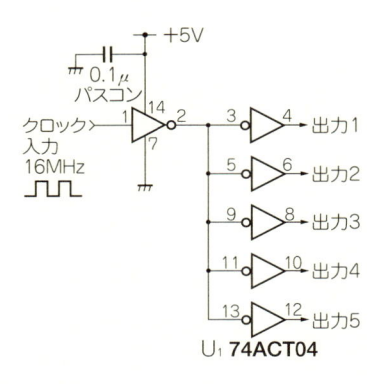

〈図7-1〉
単純なバッファ回路

通電流です．U₁は，一つのインバータあたり6個のトランジスタ（MOSFET）で構成されています．このトランジスタを作り込むときに不要な寄生容量も一緒にできてしまうのです．**表7-1**を見ると，一つのインバータ素子あたり30pFの寄生容量が，等価電力容量として記載されています．

では，この30pFの容量を1回充電するのにはどれくらいの電荷が必要でしょうか．

有名な充電電荷の式，$Q = C \cdot V$［単位はC（クーロン）］を使って計算すると，電源電圧は5Vですから，

$$30 \times 10^{-12} \times 5 = 150\,[\text{pC}]$$

となります．この回路では，六つのインバータのすべてが同時に変化を起こすので，IC全

(a) 74ACT04のDC特性

シンボル	パラメータ	V_{CC} [V]	$T_A = -40℃$ 〜 $+85℃$	単位	条件
I_{OLD}	最小出力電流	5.5	75	mA	$V_{OLD} = 1.65\text{Vmax}$
I_{OHD}		5.5	−75	mA	$V_{OHD} = 3.85\text{Vmin}$
I_{CC}	最大電源電流	5.5	40.0	μA	$V_{IN} = V_{CC}$ or GND

(b) 74ACT04のAC電気特性

シンボル	パラメータ	V_{CC} [V]	$T_A = +25℃$ $C_L = 50\text{pF}$			単位
			最小	標準	最大	
t_{PLH}	伝達遅延時間	5.0	1.5	4.0	7.0	ns
t_{PHL}	伝達遅延時間	5.0	1.5	3.5	6.5	ns

(b) 74ACT04のキャパシタンス

シンボル	パラメータ	標準	単位	条件
C_{IN}	入力容量	4.5	pF	$V_{CC} = 5.0\text{V}$
C_{PD}	等価電力容量	30.0	pF	$V_{CC} = 5.0\text{V}$

〈表7-1〉
74ACT04の電気的特性

部では,その6倍の900pCの電荷が必要となります.

図7-1の回路には16MHzのクロックを通しますから,1秒間に1600万回も寄生容量の充放電を繰り返すことになります.塵も積もれば何とやらで,毎秒14.4mC(900pC×16MHz)の電荷を消費する,つまり14.4mAの電流増加があることになります.この値は先の静止時消費電流40μAより,はるかに大きな値です.

前述のように,この900pCという電荷の充放電は,定常的にではなく,"H"/"L"の変化の瞬間に急速に行われます.それでは,この変化の時間はどれくらいでしょうか.その手がかりは,入力変化に対する出力の遅れ時間を表す伝播遅延時間にあります.出力変化の時間は,伝播遅延時間より短いはずです.

表7-1によれば74ACT04の"L"から"H"への伝播遅延時間は4ns(標準)ですから,
$$900 \times 10^{-12} \div (4 \times 10^{-9}) = 225\mathrm{m}\,[\mathrm{C/s}] = 225\,[\mathrm{mA}]$$
という値が求められ,少なくともこれ以上の瞬時電流が流れることになります.

● 自分で自分の首を絞めるIC

さて一般的な装置では,発熱やノイズの回り込み,そして保守性を考慮して,電源装置は基板からやや離れたところにあるのが普通です.そうすると電源電流は,電源の出口から電線を通って基板に達し,さらに基板パターンを通ってようやくICに到着することになります.

電線やパターンには,低いとはいえ抵抗分があります.仮に,この抵抗分が0.1Ωであったとしましょう.

この基板にはU_1のほかに100個ぐらいのICが載っていて,それぞれの瞬間電流もほぼU_1と同じとします.しかも回路全体が同期回路であって,すべてのICが同時に動作する特定の瞬間があったとしましょう.

そうすると,この瞬間の電流の合計は225mAの100倍,つまり25A近くにも達します.もし,この瞬時電流に何も対策をしていないとすると,0.1Ωの抵抗分によって25A×0.1Ω=2.5Vもの電圧降下を起こしてしまい,ふだんは5Vの電圧が,この瞬間には半分の2.5V以下になってしまうことになります.普通のICが安定して動作する電源電圧範囲は5V±0.5Vですから,誤動作は必至です.

つまり回路がじっとしているときはいいのですが,回路が動いて仕事をしようとすると自分自身で電源電圧を下げてしまい,自虐的に誤動作を引き起こすのです.

さらに実際の電線やパターンの引き回しでは,抵抗分に加えてインダクタンス成分も無視できないために,電源はさらに不安定になって誤動作の確率は上昇します.

それでは，どうすればこのような瞬時電圧降下を防ぐことができるのでしょうか．

解決法の一つは，太く短い電線やパターンを使うことです．これは本質的な方法ですが，物理的な制約から，おのずと限界があります．

もう一つは，それぞれのICに専用電源を一つずつ付ける方法です．もちろん正直にこれを実行すると電源だらけの基板ができあってしまいますが，この発想は貴重なものです(図7-2)．

● パスコンは電流の小銭入れ

ICは，出力が変化する瞬間に大電流が流れるため電源電圧を下げてしまい，誤動作を自作自演してしまうことがわかりました．しかしそれはごく短い時間だけで，そのほかの時間はほとんど電流を消費しません．ということは，ICが電流を必要とする瞬間だけ電荷を放出し，そのほかの時間は自分自身を充電するような充電電池を，それぞれの各ICに付けておけば良いのではないでしょうか．

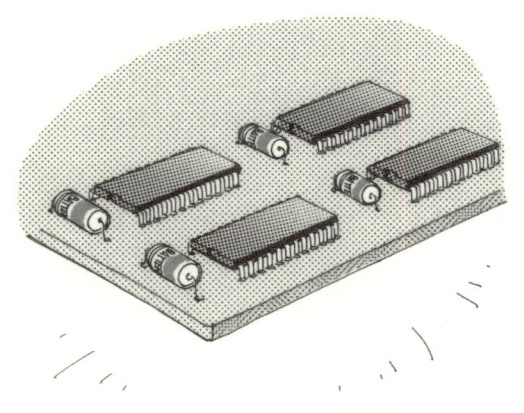

〈図7-2〉
電池だらけの基板？

〈図7-3〉パスコンの役割

実際の電池は速い充放電はできないので，代わりにコンデンサを使用します．これがパスコンです．ふだんは電源から電荷をもらって貯めておき，必要なときに素早くその電荷をICに引き渡す，いわば電流の小銭入れのような存在なのです．

このようにパスコンの動作を理解すると，パスコンに求められる条件が次のようであることが，おのずとわかってきます（図7-3）．

(1) パスコンの位置

パスコンは，それぞれのICのすぐ近くにないと，ちょうど小銭入れを家に置いてきてしまったときのように，意味がありません．

(2) パスコンの周波数特性

パスコンの高周波特性はかなり良くないと，使い勝手が悪い小銭入れのように，nsクラスの短い時間で中身を取り出せません．

(3) パスコンの静電容量

ある程度の静電容量のあるパスコンでないと，小さ過ぎる小銭入れのように，いざというときに役に立ちません．

● **静電容量を求める**

次はパスコンに必要な静電容量を決めましょう．この計算は高周波インピーダンスからアプローチするのが標準的になっていますが，そのためにはICの交流特性を熟知していなければならず，また計算がかなり複雑になります．

そこで本書では直感的にわかりやすい，ユニークな電荷法で説明を行うことにしました．最初はちょっと遠回りになりますが，パスコンの動作の順を追って考えます．

(1) 最初U_1の出力が"H"または"L"に静定しているとき，パスコンに貯まっている電荷量Q_1は，パスコンの静電容量をC_p，電源電圧をV_{cc}とすると，コンデンサの電荷式から，

$$Q_1 = C_p \times V_{cc}$$

になります．

(2) 次にU_1が動作するために，インバータ6素子合計で180pFの寄生容量を急速に充電する必要が生じたとしましょう．このとき遠くにある電源からはすぐに電荷が届かず，すべての電荷をパスコンが一時負担したとします．するとU_1の動作終了直後には，パスコンから充電にかかった分の電荷が抜けて，パスコンの電圧はΔVだけ降下して，$V_{cc} - \Delta V$になります．このときのパスコンに残っている電荷Q_2は，

$$Q_2 = C_p \times (V_{cc} - \Delta V)$$

ですし，またU_1がもらった電荷量Q_3は，

$$Q_3 = 180 \times 10^{-12} \times (V_{cc} - \Delta V)$$

になります．

さて，この(1)と(2)の動作には電源から電荷が供給されなかったので，U_1 の動作の前後で総電荷量は変わっていませんので，$Q_1 = Q_2 + Q_3$ です．

この条件を先の3式に代入して整理すると，

$$\frac{\Delta V}{V_{cc}} = \frac{180 \times 10^{-12}}{C_p + 180 \times 10^{-12}}$$

となり，電圧降下率は寄生容量とパスコンの容量比だけで決まることがわかります．

U_1 の推奨動作電圧は5V±10%ですが，降下電圧 ΔV の限度を少し余裕を見て電源電圧の5%としましょう．これを上式に代入すれば，

$$0.05 \geq 180 \times 10^{-12} / (180 \times 10^{-12} + C_p)$$

から，$C_p \geq 3420$ pF となります．この結果からは，C_p の値として E3 系列に属する 4700 pF あたりを選べばよさそうです．

一方，基板上には U_1 の10倍程度の等価電力容量をもつICもあります．これらのICのパスコンには上記の10倍の 0.034 μF 以上の静電容量が必要になります．

しかし，実際にICごとに静電容量の違うパスコンを実装するのはめんどうです．そこでもっとも大きなものに，すべてのパスコンの静電容量を合わせます．この場合は 0.034 μF 以上の条件から 0.047 μF が順当ですが，トレランスや温度係数が大きな品種も使えるように，余裕を見て 0.1 μF としました．

● 定格電圧と静電容量誤差を決める

この回路は +5V 単一の電源だけで動作します．しかし電源には誤差があったり，ノイズが乗る可能性もあるので，定格電圧は電源電圧の倍の 10V 以上としました．

次は容量誤差について考えます．前述のように最低限必要なパスコンの容量は 0.034 μF 程度です．公称値 0.1 μF のコンデンサに，たとえ -50% の誤差があったとしても，まだ余裕がありますし，逆に容量が増える分はいくらでもどうぞ，ということになります．

これはいつも部品誤差と格闘する設計者にとって，実に気もちの良い結果です．

● コンデンサの品種を決める

パスコンに必要な条件をまとめてみると，

(1) 静電容量は 0.1 μF
(2) 定格電圧は 10V 以上
(3) 容量誤差は -50% / +∞

ということになりますが，これに加えて
(4) ns クラスの応答のため，高周波特性が良いこと
(5) たくさん付けるので，なるべく小型で安価なこと
の条件が追加されます．

　第4章で出てきたコンデンサのうち，マイカや低誘電率系セラミック型は静電容量範囲の点で非現実的です．フィルム系では，積層型メタライズド・ポリエステルなど比較的小型で $0.1\mu F$ のものがあります．しかし高周波特性がちょっと苦しく，やや高価なので高級オーディオ回路以外では使われません．もちろんアルミ電解の高周波特性は問題外ですし，タンタル系はサージ電流の多いパスコンへ無造作に使うと危険です．

　高誘電率系や半導体系のセラミック・コンデンサは高周波特性がよく，小型で安価です．しかもパスコンでは，これらの欠点である容量誤差や変動の大きさをあまり問いません．構造にはディスク型と積層型がありますが，$0.1\mu F$ という容量から，外形がより小さい積層型（俗称：〈積セラ〉）を使うことにします．定格電圧は最低でも25V以上ありますから，この点でも合格です．問題のトレランスは標準的なZランクで$-20\%/+80\%$と極端に大きく，静電容量の温度変動や電圧依存性も大きいのですが，この場合の誤差条件は何とか満たせます．

　写真7-1が，積層セラミック・コンデンサの外観です．国産の積層セラミックの地色は青色が主流のようですが，外国製品には黄色〜茶系統のものをよく見かけます．

● **低周波特性を補償する**

　パスコンの静電容量も品種も決まったので，これでパスコンは万全と思ってはいけません．実用上はもう少し話を進めて，低周波のデカップリングについて考えなければならないのです．

　ディジタル回路の電源装置には，スイッチング・レギュレータや3端子レギュレータが使われます．これらは消費電流が変化しても出力電圧を一定に保つ定電圧電源ですが，安

〈写真7-1〉
積層セラミック・コンデンサ

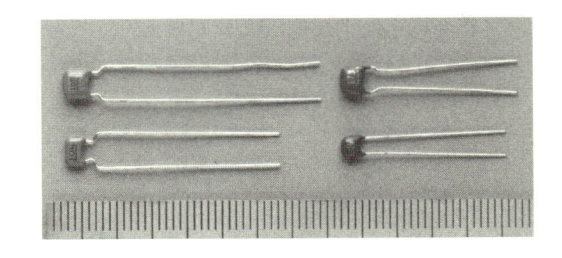

定度の観点からフィードバックの速度はあまり速くできません。したがって，電圧の安定性が保証されるのは数十kHz以下の周波数帯域に限定されます。

一方，高周波のクロックで動く同期式の回路であっても，基板上の全ICが同じ動きをするわけではありません．多くのICが同時に動作する瞬間とそうでない瞬間がいろいろなタイミングでやってきますから，電源の消費電流の周波数帯域はとても広いものです。

しかし0.1 μFのパスコン100個全部を合わせても10 μFです。0.25Vの電圧降下に対する総電荷量で2.5 μCしかありませんから，低周波の電流変動をバックアップしようとしても，すぐに使える電荷量を使い果たしてしまいます。これは銀行のキャッシュ・カードと小銭入れだけで旅行するようなものですから，札入れくらいは欲しいものです。

そこで0.1 μFのパスコンは200kHz以上の周波数帯を，電源装置は5kHz以下を担当するとして，残った5kHz～200kHzの帯域をカバーする，ちょっと大きめの補助コンデンサを併用することになります。

基板全体で電流1A以下，期間100 μs以下の消費電流変動があっても電源電圧変動を0.25V以下に抑えることを条件として，必要な補助コンデンサの容量C_cを計算してみましょう。

まず電流変動の補償に必要な電荷量は，

$1 \times 100 \times 10^{-6} = 100 \, [\mu C]$

です．すると電圧変動を0.25V以下に抑えるには，

$100 \times 10^{-6} / C_c \leq 0.25V$

となり，計算からC_cは400 μF以上になります．そこでE3系列から470 μFを選び，耐圧は前記と同じように10V以上とします。

この補助コンデンサは5kHz～200kHzとやや高めの帯域をカバーすることや，充電電流

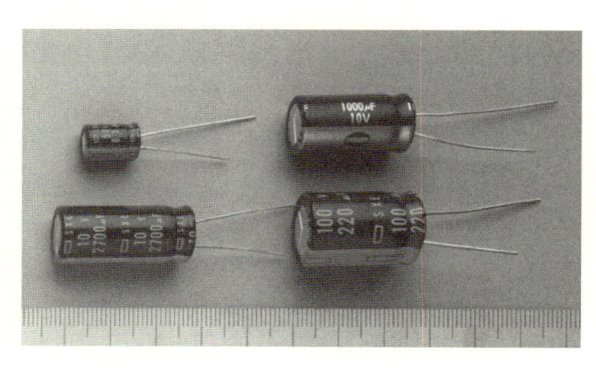

〈写真7-2〉
高周波低インピーダンス型
アルミ電解コンデンサ

が大きいことが予想されることから,高リプル対応型のアルミ電解コンデンサ(**写真7-2**)を使うことにします.補助コンデンサの担当周波数は低く,パターンのインダクタンスはさほど影響しませんから,挿入位置にあまり神経質になる必要はありません.

● **電源パスコンのまとめ**

パスコンはデカップリング・コンデンサの俗称です.適切な電源パスコンがないとICは発振したり誤動作を起こすことがあります.

簡単な電荷法のシミュレーションから,パスコンはICのすぐそばに付けられ,❶高周波特性がよく,❷必要十分な容量をもち,❸小型で安価なものが適していることがわかります.そこで,0.1μF/25Vの積層セラミック・コンデンサをICごとに最短距離で付けることになりました.このコンデンサのトレランスは−20%/+80%と悪く,温度特性や容量の電圧依存性も大きいのですが,余裕をもった容量設定をすれば問題なく使えます.

また低周波域の補償のために470μF/10Vの高リプル対応型電解コンデンサを基板に1個追加することになりました.このように複数のコンデンサを使い,互いに不得意な部分をカバーする「併せコンデンサ」は,ときとして重要なテクニックとなります.

7.2　3端子レギュレータを補うコンデンサ

3端子レギュレータは,シリーズ電源ICの一種です.外付け部品数が少なく手軽なため,ディジタル/アナログを問わず,さまざまな分野に使われています.ここでは,ちょっと変わった3端子レギュレータの使い方を紹介することで,3端子レギュレータの特性とそれを補うコンデンサについて考えます.

● **3端子レギュレータの動作**

3端子レギュレータの普及と改良につれ,その中身はどんどんブラック・ボックス化しているように思えます.そこで最初は基本形の3端子レギュレータの内部動作について簡単におさらいし,どうして外部コンデンサが必要なのかについて考えてみましょう.

▲ 3端子レギュレータの原理

図7-4は,正の3端子レギュレータの基本構成図です.3端子レギュレータの入力電圧は出力電圧より高くなくては正常に動作しません.どの程度の高い電圧が必要かはICしだいですが,基本型のものでは約3Vほどの電圧差が必要です.入力電圧V_iは,NPNのメイン・トランジスタQ_1の抵抗分による電圧降下で出力電圧V_oになります.誤差増幅回路は,IC内の基準電圧V_zと出力電圧V_oの差が0に近づくようにQ_2を介してQ_1の抵抗分を調節し

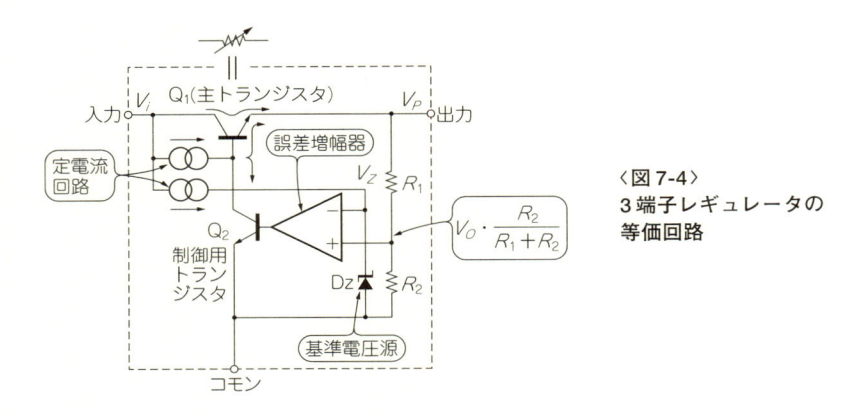

〈図7-4〉
3端子レギュレータの
等価回路

$V_O \cdot \dfrac{R_2}{R_1 + R_2}$

ます.つまり3端子レギュレータは,いわば自動調整機能付きの電子ボリュームなのです.

▲3端子レギュレータの応答

3端子レギュレータはフィードバック回路の構成になっていますが,その反面,制御の安定性の問題を抱えているともいえます.

どんな半導体でもその反応には遅れがあり,とくに大電力用のQ_1で顕著になります.

いま出力側に突発的な瞬時電流が流れたとしましょう.するとV_Oが低下しますので,誤差増幅器はQ_1の抵抗分を下げるように制御をかけます.ところがQ_1が反応した頃には,突発電流はすでにおさまっていて,V_Oは正常値に戻っていたとしましょう.しかしQ_1は遅れて抵抗分を下げますから,今度は正常に戻っていたV_Oを上げてしまいます.すると誤差増幅器は,今度はQ_1の抵抗分を上げようとします.

そういうわけで,フィードバック回路の位相補正や増幅度が不適当だと,上述の過程を繰り返し,なかなか電圧が落ちつかない電源ができたり,ひどい場合は発振することもあるのです.

そこで3端子レギュレータは,さまざまな電源と負荷の組み合わせで安定に動作させるために,わざと誤差増幅器の応答速度を落とし,また増幅度を欲ばらないような設計になっています.したがって3端子レギュレータは,あまり速い出力電流の変動には対応できないし,負荷電流が増えると出力電圧も少々下がることになります.

▲3端子レギュレータの発振防止コンデンサ

3端子レギュレータの例としてLM78L05ACZを取り上げてみましょう.このICは8～30Vの入力から安定化された5V±0.2Vの出力を得るもので,消費電力の制限が許せば最大100mAの電流が取り出せます.データ・ブックによれば,電源入力の高周波インピーダン

スの高い場合は入力端子 - GND 間に 0.33μF 以上のコンデンサが,出力端子 - GND 間には 0.01μF のコンデンサが必要です.しかし,これは発振させないための必要最小限の値です.

● 温度コントローラの構成と回路の動作

図 7-5 に 100mA クラスの正の 3 端子レギュレータ 78L09 を使った PWM 型温度コントローラ回路の一部を示します.白金測温体に,JFET を使った定電流回路から 10mA の電流を流すと,測温体の両端には抵抗値に比例した電圧が起きます.これを温度センス・アンプで増幅してヒータを制御します.

なお測温体に連続して電流を流すと自己発熱で正確な温度が計れなくなるために,約 2 秒ごとに 10ms の間だけ定電流回路が動作するようになっています.

U_1 は + 15V 電源から定電流回路用の + 9V を得るために使います.これは定電流回路内の OP アンプの出力電圧の制約から,中間電圧が必要なためです.定電流回路はこの中間電圧が急変しなければ,定電流値の精度に直接響かないような回路構成になっています.また中間電圧の消費電流は,定電流回路が動作中で約 10mA,停止時は 0.1mA 以下とわずかなものです.

U_1 の入力電圧は,負荷電流が 10mA のとき出力電圧より 1.7V 高い,10.7V 以上でなければなりませんが,電源電圧は + 15V なので,かなり余裕があることになります.また U_1 の自己消費電力は 31.5mW です.これに 10mA の負荷電流による発熱分,

$$(15 - 9) \times 10 \times 10^{-3} = 60 \, [\text{mW}]$$

を加えた 91.5mW が最大発熱量です.これは普通の TO-92 タイプのモールド・パッケージ

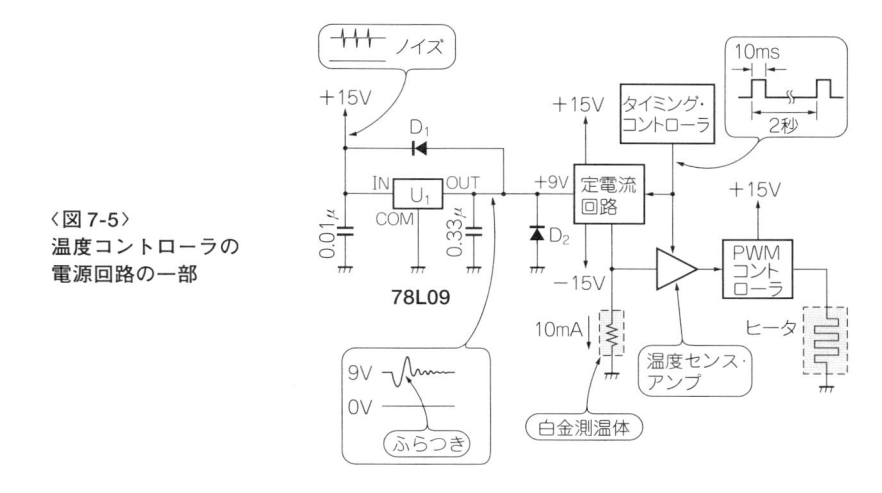

〈図 7-5〉
温度コントローラの
電源回路の一部

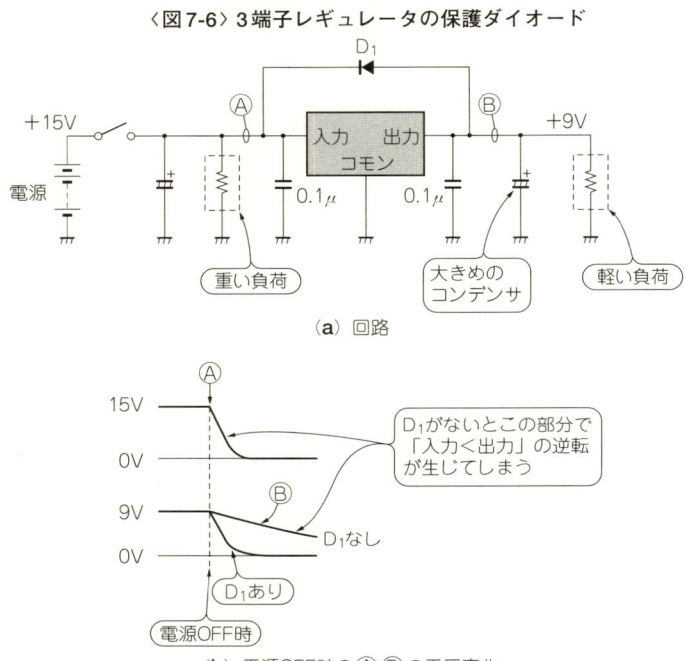

〈図7-6〉3端子レギュレータの保護ダイオード

(a) 回路

(b) 電源OFF時の Ⓐ Ⓑ の電圧変化

D₁がないとこの部分で「入力<出力」の逆転が生じてしまう

でも十分な値です．

さて**図7-5**の回路では二つのダイオード（D_1, D_2）を接続していますが，これらは電源を切ったときにU_1を保護するものです（**図7-6**）．

この回路の+15V電源にはヒータなど多くの負荷がつながれているため，消費電流も多く，電源を切ると急速に電圧が下がります．ところが+9V側の消費電流は小さく，また定電流回路内部のコンデンサのため，電源を切った後もしばらく電圧が残り，U_1の入出力の電圧の関係が逆転します．D_1は，このようなときに働いてU_1を保護します．

また電源が切れたときは-15V電源にもしばらく電圧が残るために，これが定電流回路のOPアンプに逆流することがあります．これをバイパスするのがD_2の役目です．

● 3端子レギュレータがうまく働かない

ところが，**図7-5**の回路を実際に動作させたところ，ときどき温度センス・アンプの出力にノイズが乗り，動作が不安定になります．その原因を探ってゆくと，3端子レギュレータに行き当たりました．原因は，❶定電流回路がONになった瞬間に3端子レギュレータの出

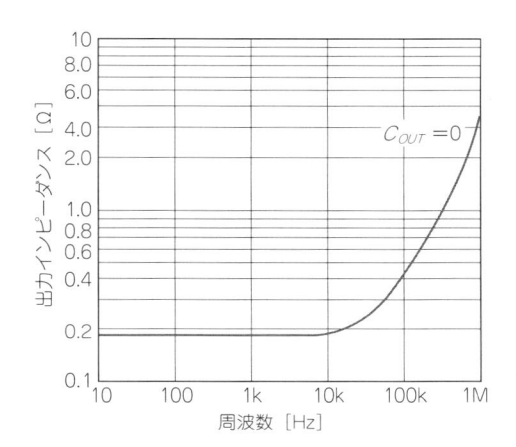

〈図7-7〉
78L09の周波数-インピーダンス特性例

　力が波打ち、なかなか安定しないことと、❷ヒータのPWM制御のスイッチング・ノイズが+15V電源に乗り、これが3端子レギュレータを通過して中間電圧出力にも回り込み、定電流回路を狂わせてしまっていることの二つにありました．

● 3端子レギュレータの出力コンデンサ

　波打ちの原因を探ってゆくと次のようなことがわかりました．まず定電流回路は2秒ごとに10msだけ動作して10mAの電流を消費し、残りの時間はほとんど電流を消費しません．

　U_1の出力電圧は、定電流回路が停止している場合はちゃんと9Vなのですが、定電流回路が突然10mAの電流を使い出したときにすぐには対応できず、瞬間的に電圧降下が生じてしまうのです．そこでU_1は急いで電圧を上げにかかりますが、あわてて上げ過ぎたり、次は、またちょっと下げ過ぎたりと、結局落ちつくまでに時間がかかってしまうのです．

　U_1の場合は約10kHzを越える変化にはついていけません．このようすが**図7-7**の出力インピーダンスの上昇として表れています．しかしIC化された3端子レギュレータの反応速度を外部から調整することはできません．

　そこでパスコンのときの発想で、**図7-8**のように発振防止用の0.1μFのコンデンサと並列に補助コンデンサC_4を付け加え、U_1の反応の遅さを補うことにします．U_1の応答速度よりも少し余裕をみて、定電流回路が起動後1msの間はC_4がU_1の代わりに10mAの電流を供給するとしましょう．するとこの間にC_4が放出する電荷量は、

$$10 \times 10^{-3} \times 1 \times 10^{-3} = 10\,[\mu C]$$

になります．このときC_4の電圧降下を0.1Vに抑えるには、

$$10 \times 10^{-6}/0.1 = 100\,[\mu F]$$

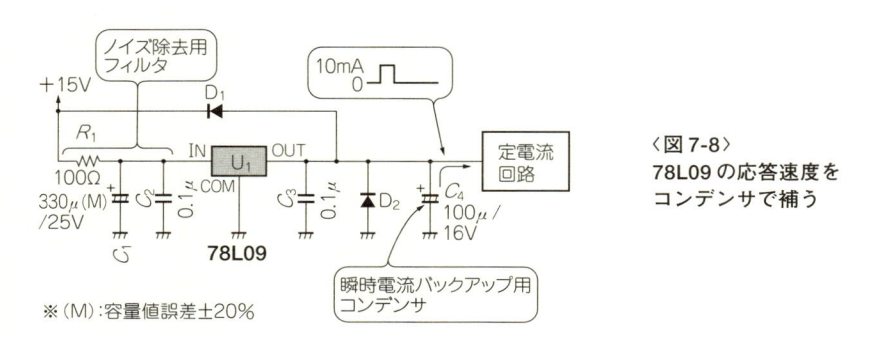

146 第7章 コンデンサの適材適所

〈図7-8〉
78L09の応答速度を
コンデンサで補う

※(M):容量値誤差±20%

のコンデンサを付ければよいのです．C_3はセラミック・コンデンサなので，C_4は周波数特性をあまり気にしないで普通のアルミ電解コンデンサを使うことにしました．また定格電圧は少し余裕をもたせて16Vとしました．

● 3端子レギュレータの入力フィルタ

次はスイッチング・ノイズの問題に取り組みましょう．オシロスコープを使って波形を観察すると，ノイズの等価周波数は1MHz以上もあることがわかってきました．

3端子レギュレータの周波数特性はあまりよくないので，このような高周波のノイズは**図7-9**のように3端子レギュレータの入出力間をスカスカ通ってしまいます．このようすは**図7-10**の電源除去比 *PSRR* のグラフにも表れています．それならばU_1に電源を供給する前にノイズを取ってしまおうという発想で，+15V電源とU_1の入力端子の間にフィルタを入れることにしました．

ところで「ノイズを取るには大きめのコンデンサを入れれば良い」のですが，この回路例のように低抵抗の電力制御では，発生するノイズのインピーダンスもまた低いのが普通です．ノイズを1/100にするには，コンデンサのインピーダンスをノイズ源の1/100にしなくてはならず，高周波特性の良い膨大な量のコンデンサが必要になってしまいます．

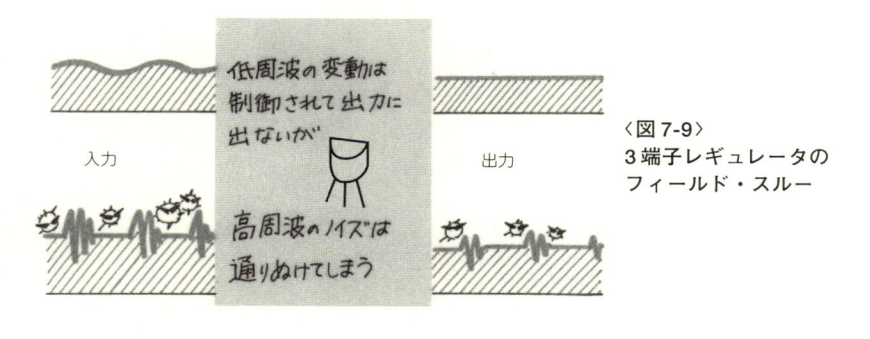

〈図7-9〉
3端子レギュレータの
フィールド・スルー

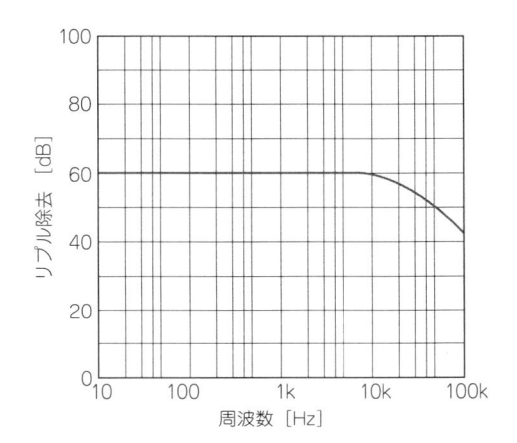

〈図7-10〉
78L09の周波数 - リプル
除去特性例

そこで**図7-8**のように，電源とU_1の入力端子の間に抵抗R_1を入れて，U_1から見たノイズのインピーダンスを上げてしまうことにしました（**図7-11**）．もちろん，こうすると電源のインピーダンスも上がってしまい，U_1が発振してしまう可能性がありますから，C_1とC_2でこの補償を行うことになります．

さて定電流回路がONになると，U_1の入力端子には自己消費電流を含めて12.1mAの電流が流れます．R_1の値を100Ωとすると，

$$100 \times 12.1 \times 10^{-3} = 1.21 \, [\text{V}]$$

の電圧降下が起こり，U_1の入力電圧は13.79Vになりますが，動作限界である10.7Vにはまだ余裕があります．

次はコンデンサの容量を考えましょう．まずC_2は高周波担当ですから，C_3と同様に0.1μFのセラミック・コンデンサで決まりです．C_1は電流供給担当ですが，今回は定電流回

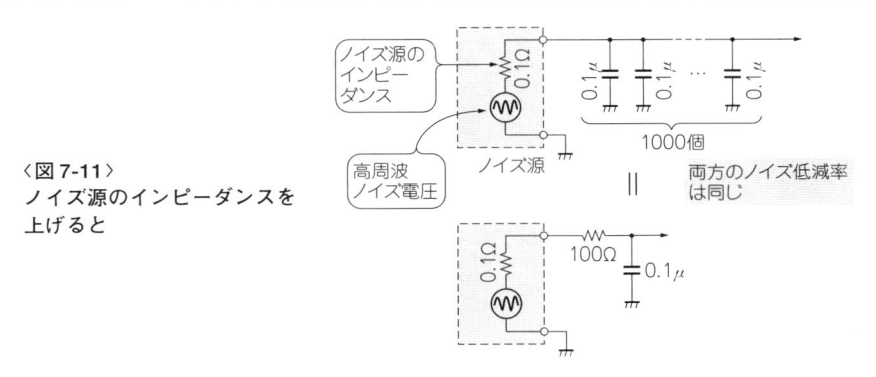

〈図7-11〉
ノイズ源のインピーダンスを
上げると

路の動作時間である10msを供給時間とします．その代わりU_1の性能を信頼して電圧変動を0.5Vまで許すことにします．計算は前と同じように，

$$12.1 \times 10^{-3} \times 10 \times 10^{-3} = 121\,[\mu C]$$

の電荷移動に対して0.5Vの電圧降下に抑えるには，

$$121 \times 10^{-6}/0.5 = 242\,[\mu F]$$

以上あればよいわけです．そこでE6系列から330 μFを選ぶことにしました．品種はC_4と同じアルミ電解コンデンサです．定格電圧が16Vでは+15V側に変動があると不安なので，25Vの製品を選びました．

● 3端子レギュレータを補うコンデンサのまとめ

間欠的に動作する定電流回路の中間電圧を得るために，手軽な3端子レギュレータを使った図7-5の回路を作ってみました．ところが，中間電圧に波打ちやノイズ混入があり，ときどき動作が変になってしまいました．この原因は3端子レギュレータの応答速度にあり，これを補うために図7-8のような回路構成にしました．

なお電源OFF時に速やかに中間電圧を落とすには，D_1のカソードを+15V電源側に接続します．

7.3　電源平滑用コンデンサ

図7-12は，よく見かけるコンデンサ・インプット型電源の平滑回路です．この回路の負荷には出力+15Vの3端子レギュレータを介して最大0.5Aの電流が流れることとします．

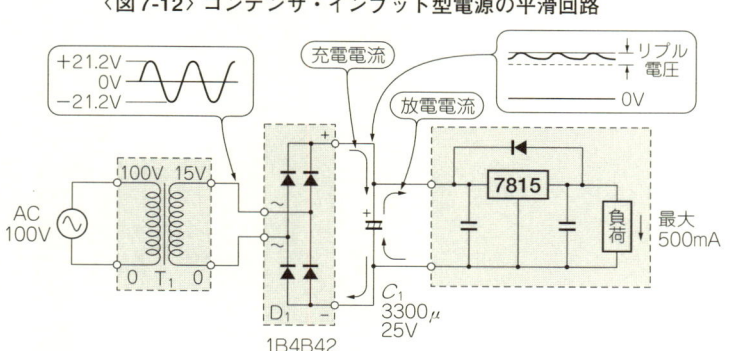

〈図7-12〉コンデンサ・インプット型電源の平滑回路

ところで，このような回路の平滑コンデンサ C_1 の容量はどうやって決めていますか？

筆者が学生の頃は「とりあえず大きなコンデンサ，もし足りなければ倍にする」式の手法が流行っていましたが，現代ではSPICEなどの回路シミュレータが個人レベルで使えるようになり，文献56のような立派な設計フィードバックが可能になりました．

しかし，どんなシミュレーションでも同じですが「どこで何が起こるはずか」と，そのおおよその値を知らないでシミュレータに頼るだけでは「趣味レーション」の世界に迷い込んでしまいます．

そこでここでは，今までのコンデンサの簡単な計算法を使って，当たりを付けることを目的に話を進めてみたいと思います．

● 回路の動作

図7-12の回路の動作について，簡単に述べてみましょう．商用電源の周波数は幕末以来，関東は50Hz，関西は60Hzに分断されています．ここでは関東の50Hzをもとに計算を行い，60Hzの値は "||" で囲んで併記することにします．

トランス T_1 は100Vの交流を15Vの交流に変えます．よく知られているように，AC15Vのピーク電圧は実効値の $\sqrt{2}$ 倍である21.2Vになります．ダイオード・ブリッジ D_1 はAC15Vの極性にしたがって1素子ずつONになり脈流を出力しますが，このときダイオード2個分の電圧降下を起こし，脈流のピーク値は約20Vになります．

負荷がないとき，C_1 はちょうどピーク・ホールド・キャパシタのようになって，電源投入後しばらくするとピーク値の20Vまで充電されます．

負荷を接続すれば，脈流のピーク付近ではコンデンサの充電と同時に負荷にも電流供給が行われますが，それ以外の時間は脈流の電圧よりコンデンサの電圧が高いので D_1 はカットオフとなり，負荷電流はすべてコンデンサの放電電流でまかなわれます．

このときコンデンサの放電にともなって電圧降下が起こり，リプル電圧になります．

● 容量を求めるための簡単な近似式

さて C_1 の容量はどれくらい必要でしょうか．この計算には，いろいろな公式やシミュレータを使う方法がありますが，手計算でだいたいの値を得るには，

(1) C_1 への充電は脈流がピークに達した瞬間に起こり，一瞬で完了する．
(2) 負荷への電流はすべてコンデンサが供給する．

のような仮定モデルを使うのがもっとも簡単です．

このモデルでは，脈流のピークがやってくるたびに C_1 がその電圧まで充電されます．その後はコンデンサから電流を供給し，次のピークがくる直前に最低電圧に達するので，C_1 の

電圧波形は**図7-13**のようになります．充電直前と直後の電圧差がリプル電圧に相当するわけですが，この考え方の基本は今までのパスコンの計算と同じです．

電源周波数は50Hz {60Hz} ですから，脈流のピークはその2倍の毎秒100回 {120回} やってくることになります．したがってコンデンサが充電される時間間隔は10ms {8.33ms} ということになります．この10ms {8.33ms} の間に，C_1 が電源の代理として負荷に与えなければならない電荷量は，供給電流が0.5Aですから，

$$0.5 \times 10 \times 10^{-3} = 5\,[\text{mC}] \qquad \{0.5 \times 8.33 \times 10^{-3} \fallingdotseq 4.17\,[\text{mC}]\}$$

になります．

次に，通常型の15Vの3端子レギュレータの入力に必要な最低電圧は約18Vです．これを下回るような瞬間があると，レギュレータの出力には**図7-14**のような切れ込みが入ってしまいます．したがって C_1 のリプル電圧が，

$$20 - 18 = 2\,[\text{V}]$$

以下になるように C_1 の値を選んでやらなくてはなりません．すると $C = Q/\Delta V$ の式から，

$$5 \times 10^{-3}/2 = 2.5\,[\text{mF}] \qquad \{4.17 \times 10^{-3}/2 \fallingdotseq 2.08\,[\text{mF}]\}$$

つまり，2500μF {2080μF} 以上の容量が必要なことがわかります．

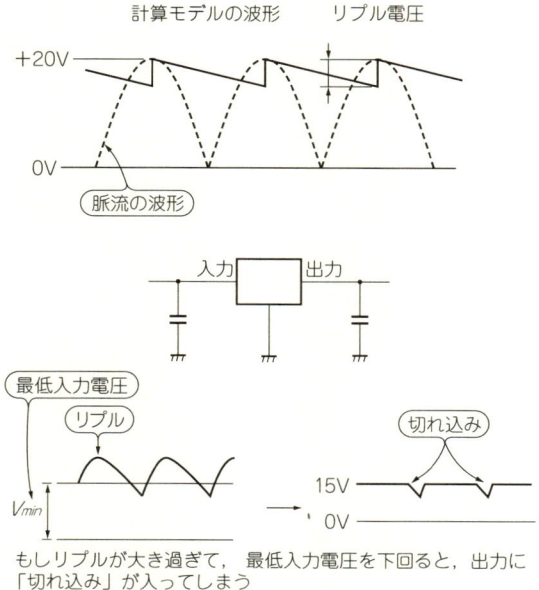

〈図7-13〉
簡単な近似モデルの C_1 の波形

〈図7-14〉
最低入力電圧を下回ると出力に切れ込みが入る

もしリプルが大き過ぎて，最低入力電圧を下回ると，出力に「切れ込み」が入ってしまう

● コンデンサを決める

50Hz地区の場合，E6系列でもっとも近い値は3300μFになります．60Hz地区では周波数が高い分，容量値は小さくてよいので2200μFがもっとも近い値になりますが，どうせならば3300μFに統一して関東でも使えるようにするほうがよいでしょう．

ただし，むやみに大容量のコンデンサを使うと充電電流が大きくなり，しかも短い時間に集中するためノイズの元になったり，C_1やD_1の寿命を短くすることがあります．

さて3300μFを使った場合のリプルは前の式を逆算して，

$$5 \times 10^{-3} / (3.3 \times 10^{-3}) \fallingdotseq 1.51\,[\text{V}] \quad \{4.17 \times 10^{-3} / (3.3 \times 10^{-3}) \fallingdotseq 1.26\,[\text{V}]\}$$

になります．

次は，耐圧を決めます．日本製の電源品質はとても高いのですが，トランスの増巻きも考慮に入れて+10%を許容するようにしましょう．するとAC15Vは16.5Vに，脈流のピーク値は約22Vになります．したがって25V以上の定格電圧，できれば35Vのコンデンサを使用するのがよいでしょう．

この例の場合は，さほど大きな充放電電流が流れるわけではありませんから，普通のアルミ電解コンデンサが使えます．また静電容量の余裕とリプルの条件から，誤差は標準的な±20%（Mクラス）で十分です．ただし，この静電容量値および定格電圧（CV積）になると，コンデンサ自体の大きさはかなり大きく，重くなってしまいます．

そこで端子をつめ状にして機械的強度を増した製品がよく使われますが，振動が予想される場合には固定バンドや接着剤などで補強することになります．このとき塩素などのハロゲンを含む化合物は避けたほうがよいでしょう．アルミ電解コンデンサは完全に密封されていないので，電解液にこれらが分解したガスなどが入ると性能が落ちてしまいます．

● 電源平滑用コンデンサのまとめ

図7-12はよく見かけるコンデンサ・インプット型の電源です．負荷は+15V用の3端子レギュレータで最大電流は0.5Aです．この回路の見た目は簡単そうですが，ちゃんと定数を決めるのは，そう簡単ではありません．もちろん回路シミュレータはもっとも有効な手段ですが，その前に定数の当たりを付ける必要があります．

そこで簡単なモデルを作って充放電の計算を行い，C_1に3300μF/25Vのアルミ電解コンデンサを使うことにしました．計算上のリプルは1.51V｛1.26V｝程度になります．逆に，**図7-15**に示すような回路モデルの初期値に，このパラメータを使ってSPICEなどでシミュレートすると設計時間の短縮につながります．

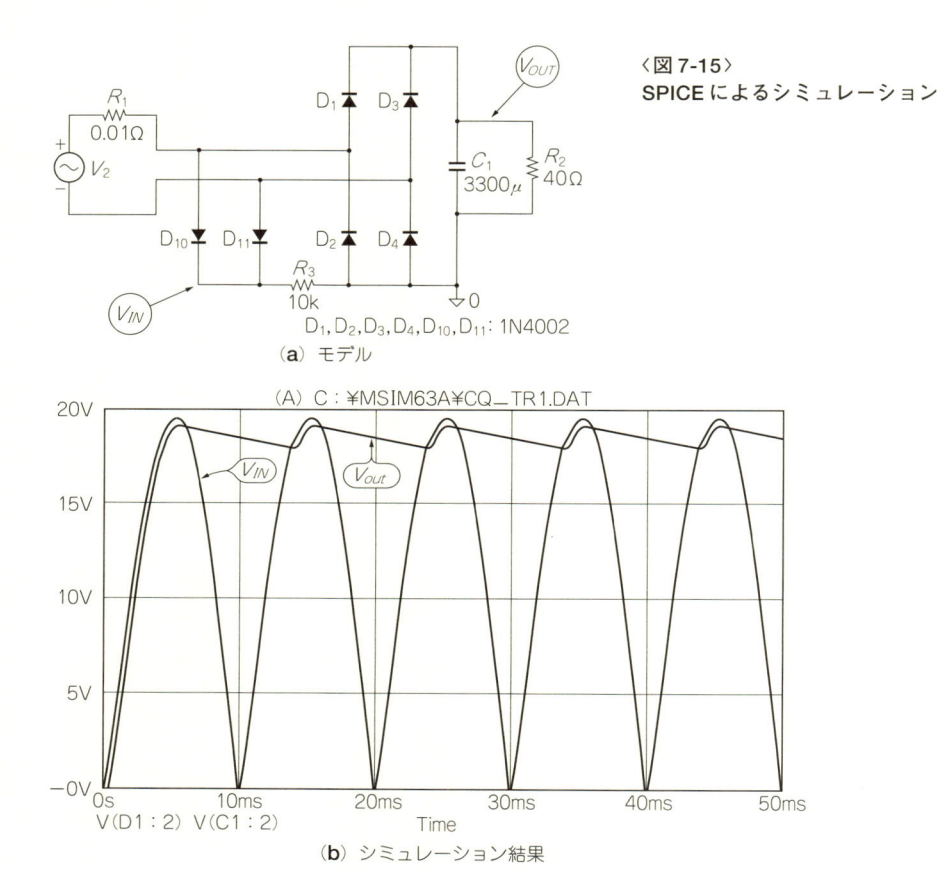

〈図7-15〉
SPICEによるシミュレーション

(a) モデル

$D_1, D_2, D_3, D_4, D_{10}, D_{11}$: 1N4002

(b) シミュレーション結果

7.4 長時間タイマのコンデンサ

　電池式の機器の電源スイッチを切り忘れて，電池をむだにしてしまった経験をおもちでしょう．もちろん高級な製品にはオート・パワー・オフ機能が付いていますが，貧乏学生であった筆者のように格安のラジオを買うと，注意力と電池代との戦いが始まります．
　図7-16は，こんなときに便利ではないかと思って当時考えた，小型ラジオ用のオート・パワー・オフ回路です．といってもその正体はただのCMOS版の汎用タイマ(ICL7555)にFETスイッチを付けただけのものです．タイマ時間は，当時よく聞いていた番組に合わせて60分+a分／−0分と決めました．

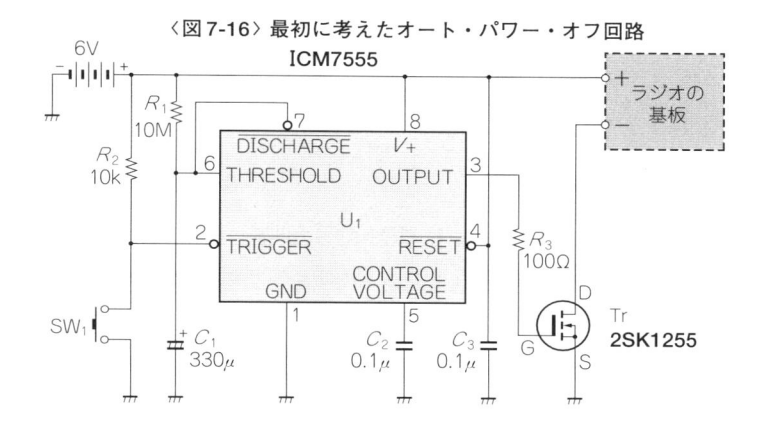

〈図7-16〉最初に考えたオート・パワー・オフ回路

● タイマ回路の動作

この回路はU_1のワンショット・モードで動作します．まずSW_1を押すとU_1の2番ピンはトリガされ，3番ピンが"H"になりMOSFETのTrはONになります．同時にU_1の7番ピンはハイ・インピーダンスになり，コンデンサC_1には抵抗R_1から電流が流れ込み，その電圧V_Xは徐々に上がっていきます．この上昇カーブは，時間をt,電源電圧をV_{CC}とすると，

$$V_X = V_{CC}(1 - e^{-t/R_1 C_1})$$

の式で表されます．時間がたつにつれV_Xはどんどん上昇し，ついに6番ピンの電圧が電源電圧の2/3に達するとU_1内のフリップフロップは反転し，7番ピンはGNDに接続されてV_Xは0Vになり，同時に3番ピンも"L"に転じてTr_1もOFF状態になります．

電源がOFFになるまでの時間は，上式のV_Xに$2/3 \times V_{CC}$を代入して解くと，ちょっとややこしいのですが，

$$t = \ell n\, 3 \times R_1 \times C_1 \fallingdotseq 1.1 \times R_1 \times C_1$$

となって，電源電圧に関わりなくR_1とC_1だけで決まることがわかります．

● 定数の決定と結果

タイマの時間は60分強なので，$R_1 \times C_1$は3270秒以上の時定数が必要になります．

大容量のコンデンサはかさばるので，まずはR_1の値のほうをできるだけ大きくすることにしました．普通に入手できる最大値の抵抗として$R_1 = 10M\Omega$とすると，C_1の値は，

$$3270/10 \times 10^6 = 327\,[\mu F]$$

になります．たまたまジャンク箱の中に330μF/10Vにしては小さめのアルミ電解コンデンサがあったので，これを使うことにしました．

ところが実際に使ってみると,思ったよりずっと長い時間,ときには2時間以上たたないと電源が切れず,しかもその時間は毎回かなりばらつくのです.

その後,部品を取り替えたりする間に,これはコンデンサの漏れ電流に原因があることがわかってきました.

● 漏れ電流について

現実のコンデンサでは電荷を貯めても,漏れ電流によって少しずつ電荷が抜けていきます.フィルム・コンデンサなどの漏れ電流は無視できるほど小さいのですが,アルミ電解コンデンサでは大きく,このような使い方をすると問題になります.

このコンデンサのカタログを探し出して見ると「最悪値で$0.01CV$,つまり$33\mu A$は覚悟してください」とありました.これでは600nAの充電電流をザルに流し込むようなものです.もちろん実際の製品はもっと性能がよく,かろうじて動作していたわけですが,こういった用途に通常型のアルミ電解コンデンサは向かないのです.

そこで今度は性能の良いと言われるタンタル・コンデンサを使おうとしましたが,330μFもの容量は入手困難です.そこで33μFのディップ・タンタルに100MΩ,つまり10MΩの抵抗を10個直列にしたものを組み合わせて使ってみましたが,症状はかえってひどくなりました.つまりディップ・タンタルの漏れ電流はアルミ電解コンデンサのそれとあまり変わらず,さらに充電電流を1/10にしてしまったために影響が強く出てしまったのです.

● 回路の改良

図7-16の回路の欠陥は,現実的な漏れ電流の計算をせず,直接60分の時定数を作ってしまったことにありました.

そこで,**図7-17**のような構成を変えた回路を考えてみました.これは比較的低い周波数の発振器U_1の出力をカウンタU_2で数え,これがある数に達したら電源を切るものです.

もちろん水晶発振器を使えば時間は正確になりますが,分周の途中で1MHz前後のビートが発生し,AMラジオに妨害が入るおそれがあります.

まずU_2には低消費電力でIC 1個におさまる段数の多いカウンタとしてTC4020Bを選定しました.これは非同期の14段のバイナリ・カウンタです.カウンタのQ_{14}がHレベルになった瞬間に電源を切るように回路を簡素化しました.したがって2^{13}個のクロックが60分$+\alpha$に相当しますから,RC発振器の周期は3600秒$/8192 \fallingdotseq 0.44$秒で十分です.

U_1のRC発振器はさきほどのICL7555を発振モードにして使います.このモードでは,V_{CC}の1/3と2/3の電圧の間をV_Xが行ったり来たりするので,時定数にかかる係数は$\log_e 2 \fallingdotseq 0.69$になります.**図7-17**の回路の発振周期$\tau$は,

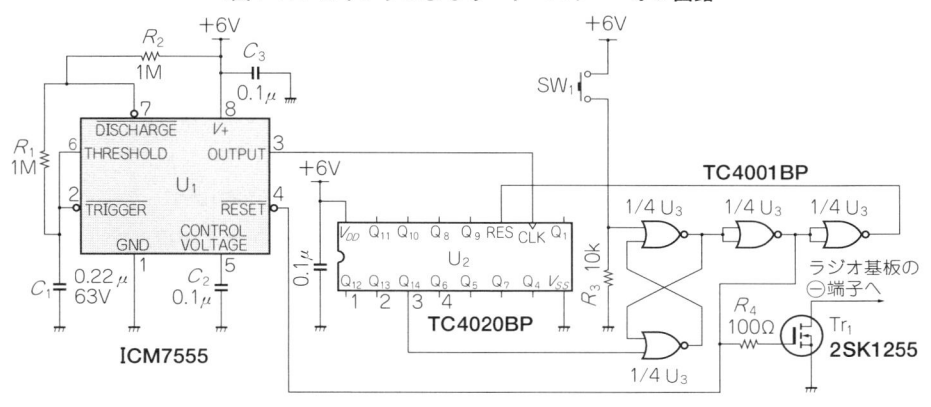

〈図7-17〉カウンタによるオート・パワー・オフ回路

$$\tau = 0.69 \times C_1 \times (2R_1 + R_2)$$

になります．

　$\tau = 0.44$秒を代入すると，$C_1 \times (2R_1 + R_2)$は約0.638秒となります．この時定数を得るための抵抗とコンデンサの組み合わせは無数にありますが，抵抗よりコンデンサのほうが選択の幅が狭い傾向があるので，先ほどとは逆に，コンデンサの値を先に決めるほうが効率的です．

　先ほどは漏れ電流で痛い目に合ったので，今度はC_1にフィルム・コンデンサを使えないかと考えました．例によってジャンク箱を漁ると，積層メタライズド・フィルム型の$0.22\mu F$が見つかりました．このコンデンサのトレランスは$\pm 5\%$，定格電圧は$63V$です．

　すると$(2R_1 + R_2)$は$2.9M\Omega$ということになります．そこでR_1とR_2に仲良く$1M\Omega$の抵抗を使うことにしました．この定数からタイマ時間を逆算すると，

$$\tau = 0.69 \times 0.22 \times 10^{-6} \times 3 \times 10^6 \fallingdotseq 0.455 \, [\text{sec}]$$

となります．この8192倍である3730秒，つまり約1時間2分がタイマの時間です．もし部品誤差が原因で1時間を切るようなことがあれば，R_1またはR_2を少し大きめの$1.2M\Omega$あたりに取り替えるといいでしょう．

　この方法では時定数自体を小さくできるので，現実的な容量のフィルム・コンデンサが使用可能になり，漏れ電流による不安定な動作を回避できます．またこの回路のタイマ時間の調整や確認には発振器の周波数をチェックすればよく，60分以上も待つことはありません．

● 長時間タイマのまとめ

　最初は一気に60分の時定数をもったワンショット回路を作ろうとしましたが，アルミ電解コンデンサの漏れ電流によってばらつきが多く，うまく動作しませんでした．また固体タンタル・コンデンサも試してみましたが，容量範囲の関係で抵抗値のほうを上げることになり，かえって性能を落としてしまいました．

　そこで回路の発想を変え，RC発振器の周波数をカウンタで数えて制御する方法にして，時定数を4桁近く下げ，漏れ電流の小さい積層フィルム・コンデンサを使用可能にしました．この方式では，タイマ時間の調整／確認のための時間も短縮できます．

　ここでは個別部品で作った回路を紹介しましたが，現在ではこれらをワンチップ化したICが長時間タイマの名称で各社から販売されています．

7.5　結合用コンデンサ

　現在ではビデオ帯域をカバーする高速OPアンプや機能ICが簡単に入手できるようになり，ディスクリートのビデオ回路を見かけることが少なくなりました．その反面，回路はブラック・ボックス化し，データ・ブックに掲載された推奨回路以外は作ったことのない技術者も増えています．

　ここでは簡単なバッファ・アンプの回路をもとに，結合用コンデンサと極性について考えてみます．

● 回路の動作

　ビデオ（NTSC）信号は数Hz～数MHzまでの，とても広い帯域をもつ信号です．入出力回路はケーブルを含めてインピーダンス整合（75Ωが使われる）が不可欠です．

　インピーダンス整合を行うということは，接続点で信号振幅が1/2になることを意味しますから，単に信号を受け渡すだけでも2倍の広帯域アンプが必要になります．

　図7-18の回路はビデオ信号セレクタなどでよく使われる，2倍のビデオ・バッファ・アンプです．入力されたビデオ信号は75Ωの抵抗R_1で整合終端され，1V_{P-P}の信号になります．この信号はDCカット用の結合コンデンサC_1を通って増幅回路のバイアス抵抗R_2へ導かれます．

　増幅回路は，電圧帰還型高速OPアンプとしては古株に属するLM6361を使った＋2倍のアンプです．**図7-19**にこのICの等価回路とピン配置を示します．この種のアンプは反転増幅器として使用したほうが広帯域性を発揮できますが，回路のシンプル化のために，図7-

⟨図7-18⟩
ビデオ・アンプ回路

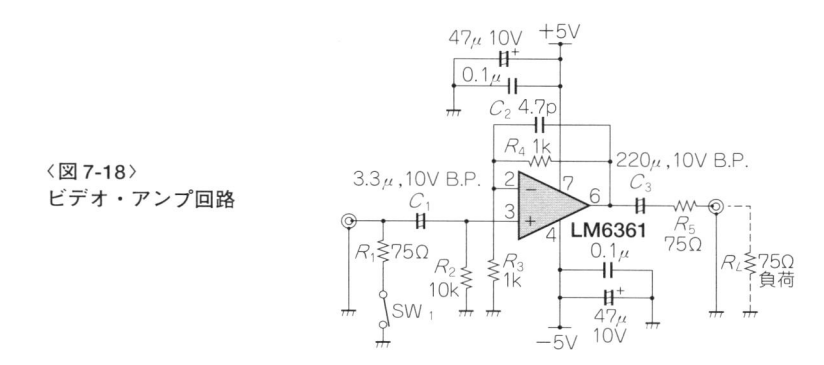

⟨図7-19⟩ LM6361の内部等価回路とピン配置

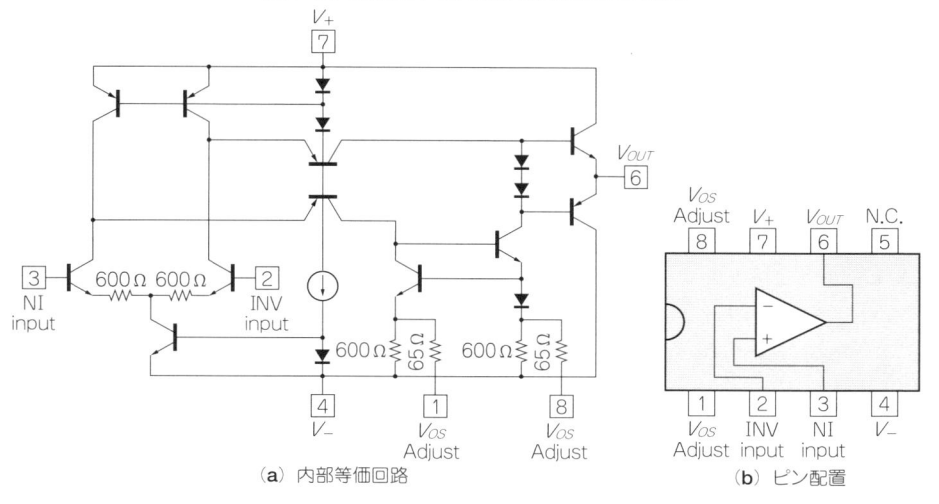

(a) 内部等価回路
(b) ピン配置

18の構成としました．

　ゲインを決定するのはR_3とR_4ですが，安定性の確保のためこれらの抵抗値を低く取ります．またR_4と並列に小さなコンデンサC_2を付けて，反転入力端子の入力容量や配線の寄生容量によるゲイン・ピーキングを抑えています．アンプの出力は75Ωの整合用抵抗R_5とDCカット用コンデンサC_3を通して出力され，75Ωの負荷に信号を出力します．

　このように「入力終端」→「2倍増幅」→「出力終端」の構成により，全体としてのゲインは等倍（×1）になります．

● コンデンサの静電容量の計算

▲結合コンデンサC_1

OPアンプの入力インピーダンスは十分高いと考えると，入力部の最低通過周波数 f_O は C_1 と R_2 だけで決まり，

$$f_O = \frac{1}{2\pi f \cdot R_2 \cdot C_1}$$

の関係があります．

　NTSCビデオ信号の垂直同期信号の周波数は，ほぼ60Hzです．しかし通過帯域を60Hzぎりぎりに設定すると，映像信号の状態によっては垂直同期信号に図7-20のような「サグ」と呼ばれる傾斜がつき，うまく同期分離できないことがあります．したがって f_O はその1/10以下のポイントにもってこなくてはなりません．

　ところでLM6361はゲイン1倍から使える優れた高速OPアンプですが，オフセット電圧は22mV以下，バイアス電流は6μA以下とDC特性はあまりよくありません．したがってダイナミック・レンジを損ねないためには，バイアス抵抗 R_2 はあまり大きくできません．いま R_2 を10kΩ，f_O を5Hz以下とすれば，上の式から C_1 は3.18μF以上となります．

　ところで R_1 を廃止して，R_2 を75Ωにしてしまえば，部品数は少なくなるしバイアス電流の問題も一挙に解決しそうに思えます．しかし R_2 = 75Ωとして上式から C_1 を求めると，424μF以上と大きなコンデンサが必要になってしまいます．

▲ ピーキング防止用コンデンサ C_2

　C_2 は，第6章の事例7で述べたのと同じ，ゲイン・ピーキング防止用のコンデンサです．しかし今回の補正対象となるのは U_1 の入力容量（1.5pF）と配線容量（約3pF）だけなので，4.7pFと小さな値になっています．これによる高域の帯域制限は33MHz強と，OPアンプの GB 積の上限をかすめる程度に収まっています．したがってこれがなくてもあまり特性が荒れることはありません．C_2 には高周波特性や安定性の良いマイカ・コンデンサや低誘電率系のディスク・セラミックなどが適しています．

▲結合コンデンサ C_3

　さて最後は C_3 です．こちらは結果的に75Ωの抵抗と直列につながるコンデンサなので C_1 のような小さな値では済みません．f_O は R_5 と R_L の二つの75Ωの抵抗と C_3 によって決

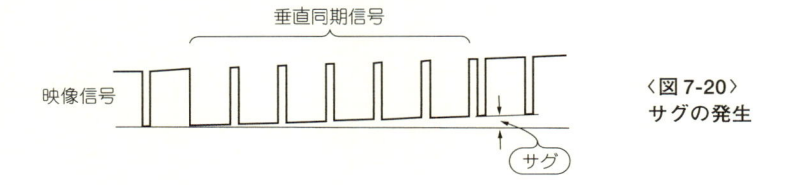

〈図7-20〉
サグの発生

まり,

$$C_3 \geq \frac{1}{2\pi f_0 (R_S + R_L)} = \frac{1}{2\pi \times 5 \times 10^6 \times 150}$$

から, 212 μF 以上が必要になります.

● コンデンサの極性

　正規のビデオ信号は, 正常終端時に $1V_{P-P}$ の交流信号ですが, 実際にはそれ以上のレベル (オーバ・ブライト) があります. また場合によっては図7-18のSW$_1$を切って, ほかのアンプ・ユニットと並列運転される可能性もあり, その場合に終端がはずれる可能性があります. したがってこのアンプの入力レンジは±2V程度以上が必要です.

　ところがC_1の片側はR_2でGNDに接続していますので, C_1の両端には正負両方の電圧がかかることになります. 普通の有極性アルミ電解コンデンサは「短期間ならばわずかな逆電圧にも耐えられる」とされていますが, 長時間では誘電体膜が破壊されてしまいます. もちろんタンタル・コンデンサはもっとデリケートなので使用不可能です.

　結局C_1には極性のないコンデンサが必要になりますが, フィルム系のコンデンサは外形が大きくなり過ぎ現実的ではありません.

　そこで3.3μFの両極性(無極性)アルミ電解コンデンサを使うか, 6.8μF以上の有極性アルミ電解コンデンサを図7-21のように反対向きに直列つなぎにして3.4μFの両極性コンデンサとして使うことになります.

　もうおわかりでしょうが, C_3にもやはり無極性が求められますので, C_1と同様に220μFの両極性アルミ電解コンデンサを使うか, 470μFの有極性アルミ電解コンデンサを逆直列につなぐことになります. しかしこっちは静電容量が大きい分, かなりかさばることになります. これを解決するよい方法はないものでしょうか?

● 回路の変更

　図7-18の回路の欠点は, 増幅回路がGNDを中心にして振れるために入出力コンデンサに無極性が求められる点でした.「それでは初めからコンデンサに直流バイアスをかけてい

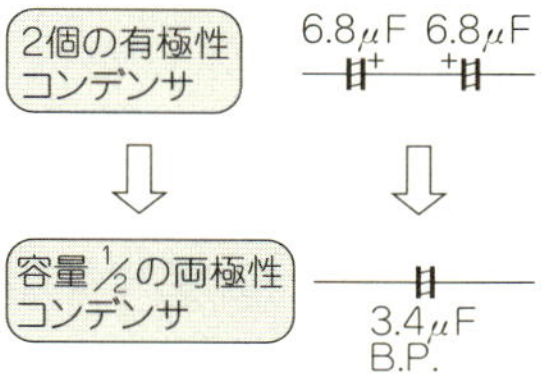

〈図7-21〉
2個の有極性コンデンサで両極性コンデンサをつくる

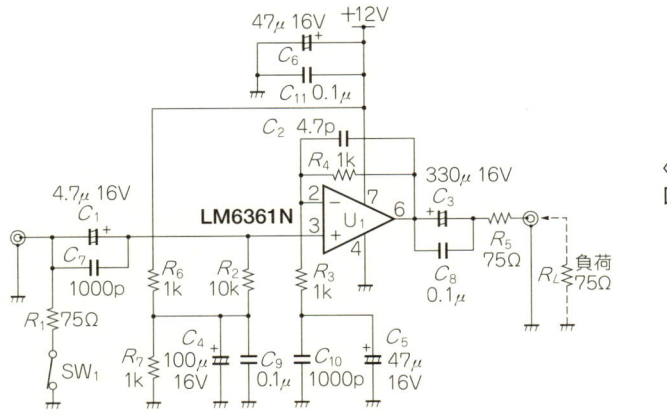

〈図7-22〉
図7-18を書き直した回路

れば？」という発想で書き直したのが図7-22の回路です．

まず大きな違いは，OPアンプU_1の電源を±5Vから+12Vの単電源へ変更し，OPアンプの動作中心をその半分の+6V付近へもってきた点です．そのためR_2は，R_6とR_7で半分に分割された中間電位に接続され，U_1の非反転入力端子を+6V付近に保ちます．なおC_4は電源由来のノイズがR_6を通って入力に紛れ込まないようにするための，デカップリング・コンデンサです．

またゲインを決める抵抗R_3には直列にC_5を挿入しましたが，これは$R_4 \to R_3$経由でむだな直流電流が流れ，出力端子が+12Vにはり付くのを防止する直流カットのコンデンサです．このf_0も数Hz以下になるように設定されています．

このように，U_1の入出力とも+6V付近を中心に振れるように変更されたので，±2V以下の信号によってC_1とC_3の極性が反転することはなく，図7-22に示した方向に確定しますから，通常の有極性アルミ電解コンデンサが使えます．

これで外形的にはかなり余裕ができたので，先のf_0より多少余裕をもたせた定数を使うことにし，標準的な±20%（Mクラス）の誤差があってもサグが目立たないようにしました．この事情は新しく追加されたC_4，C_5についても同様です．また定格電圧はいずれも16Vのものを使えば余裕があります．

なお非固体型のアルミ電解コンデンサの高周波特性はよくなく，とくにC_3は低いインピーダンスで使われるために，画像の「なまり」として観測されることがあります．

そこで図7-22の回路では，C_1とC_5には1000pFの低誘電率系セラミック・コンデンサを，C_3とC_4には0.1μFの高誘電率系セラミック・コンデンサを，それぞれ並列に挿入して

あります．

● **結合用コンデンサのまとめ**

　帯域の広いビデオ信号を扱うときにはインピーダンス整合が不可欠ですが，その際1/2の整合損失が生じます．これを補うために＋2倍のアンプが必要です．このアンプには「サグ」を目立たなくするために，数Hz以下の低周波帯域が必要です．

　最初は正負両電源を使いGNDを中心に振れるアンプを製作しましたが，入出力のコンデンサには無極性が要求されることがわかりました．このため，あまり一般的ではない両極性アルミ電解コンデンサや，2個の有極性コンデンサを逆直列にするなど，かさばる回路になってしまいます．

　そこで電源を片電源にして中間電位を中心に振れるアンプ構成に変更しました．この変更で部品数は多少増えましたが，全体として回路のスリム化が達成できました．

7.6　2重積分A-Dコンバータのコンデンサ

　現在では，3・1/2桁程度の簡単なディジタル・テスタならば2〜3千円で入手できるいい時代になりました．こういったテスタの中にもアナログ信号をディジタルに変換するA-Dコンバータが内蔵されていますが，このタイプのコンバータは2重積分型と呼ばれる型式のもので，パソコン用拡張ボードなどに良く使われる逐次比較型や，ビデオ処理などに使われるフラッシュ型とは原理が異なります．

　本章では，この2重積分型のパネル・メータの回路をもとに，積分コンデンサの要件について考えてみましょう．

● **2重積分型A-Dコンバータの動作原理**

　2重積分型という名前から，何やら高等数学でも使うのかと思われがちですが，この場合の「積分」は「電荷を貯める」と読み換えればよく，また「2重」は2階積分ではなく，2段階に分けて充放電すると理解すればよいのです．

　まずは図7-23をご覧ください．この回路は正の電圧を計測する2重積分回路ですが，その原理はいたって簡単です．

▲初期状態

　最初，SW_1はいちばん下の接点1（GND）につながれ，SW_2もONになっているので，C_1の電荷は空っぽで，U_2の出力V_Oは0Vになります．これは図7-24のチャートの(a)の部分に相当します．

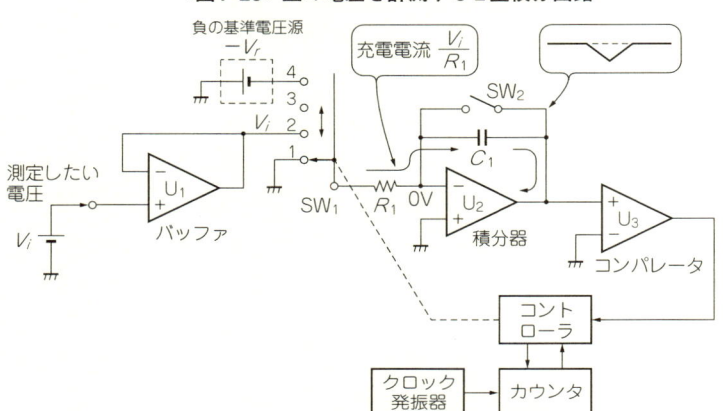

〈図7-23〉正の電圧を計測する2重積分回路

▲入力電圧の積分

　計測を始めるとき，SW_1は接点2に切り替わって，R_1はバッファ・アンプU_1の出力につながれると同時にSW_2はOFFになります．また同時に接続時間を計るカウンタ回路が動作を始めます．

　このときバッファ・アンプU_1の出力は入力電圧V_iに等しく，U_2の反転入力端子はバーチャル・ショートが成立している限り0Vですから，R_1にはV_iの大きさに比例した電流（V_i/R_1）が流れます．この電流はU_2の反転入力端子に流れ込むのではなく，その100%がコンデンサC_1を充電しながらU_2の出力端子に至ります．

　すると何度も出てきたコンデンサの充電式 $V = Q/C$ にしたがってR_1に流れた電流，つまり時間当たりの電荷と経過時間の積に比例した電圧がC_1の両端に現れてきます．ただし

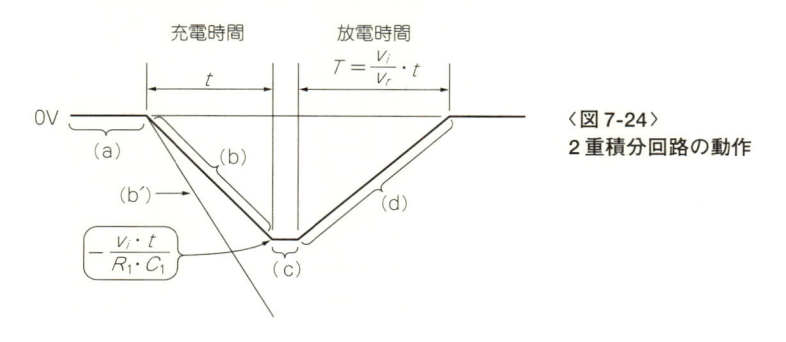

〈図7-24〉
2重積分回路の動作

この電圧は U_2 で反転されるので, U_2 の出力は負の電圧となります.

もし V_i が一定ならば, 図7-24 の (b) の部分のように時間とともに直線的に変化します. このようすから積分型の名前があります. もちろん V_i が大きいと図7-24 の (b') のように急な傾きで充電されますし, 逆に V_i が小さいならばゆっくりと充電が進むことになります.

▲充電の停止

一定の充電時間 t が経って, カウンタが「時間がきましたよ」というと, SW_1 は接点3に切り替わり, 充電は停止します. この時点で C_1 には V_i の大きさに比例した電荷が貯まり, U_2 の出力電圧 V_o にはその大小が正確に反映されています. これは図7-24 の (c) の部分に相当します. またカウンタは次の放電サイクルに備えて, 一度, ゼロにクリアされます.

▲ C_1 の放電

次は, C_1 に貯まった電荷量を計測するサイクルです. SW_1 は接点4に切り替わり, 正確な負の基準電圧 $-V_r$ に接続されると同時にカウンタは活動を再開します.

今度は負の基準電圧が接続されるので, R_1 を流れる電流は以前と逆方向になり, C_1 の電荷は正確に一定のレートで放電され, U_2 の出力は直線的に0に近づいていきます. これは図7-24 の (d) の部分に相当します.

▲放電の終了

ついに U_2 の出力が0Vになった瞬間, コンパレータ U_3 はこれをコントローラに伝え, カウンタを停止させます. このときカウンタが保持している放電時間 T は入力電圧に正確に比例しています. この回路では V_r と t が一定で既知の値ですので, $V_i = V_r \cdot T/t$ の式から V_i の値を正確に知ることができます. このように2重積分型コンバータは, 入力電圧をいちど時間に変換して, ディジタル化を行うのです.

● 2重積分型 A-D コンバータの精度

2重積分型の A-D コンバータは, 積分時間のため変更速度が遅いことを別にすれば誤差の発生を巧みにすり抜ける実にスマートな手法です.

▲ クロックの精度

例えばクロックの周波数が設計値より少し低かったとしましょう. すると図7-24 の (b) の充電時間が少し長くなり, また図7-24 の (c) の最終到達電圧も少し大きくなります. そのため図7-24 の (d) の放電時間も少々長くなりますが, 同じ割合でクロックが遅いので, 結局カウンタの値は同じになります.

これはクロックの周波数が高い場合も同じで, 充電中と放電中のクロック周波数が同じならば, オーバ・レンジにならない限り, クロックの精度は問わないのです.

▲ 抵抗やコンデンサのトレランス

　R_1 と C_1 についてもクロックと同じようなことがいえます．

　もし R_1 が設計値より少し低い値であったとすると，C_1 の充電電流はやや多くなり V_O の充電勾配も少し急になりますが，次の放電サイクルの勾配も同じだけ急になりますから，結局カウント値は変わりません．

　同様に C_1 が設計値より少し大きい場合でも，充電勾配がやや低くなる分，放電勾配も緩やかになるので，C_1 のトレランスも精度に響かないのです．

● 積分コンデンサに求められる要件

　「それでは積分コンデンサは何でもよいのか」という疑問がわきますが，その答はNOです．実は積分コンデンサはこの回路の精度を決める重要なキー・パーツであり，その選択はとても重要なのです．

▲ 漏れ電流が小さいこと

　積分コンデンサに求められる第一の条件は，漏れ電流が十分小さいことです．C_1 に漏れ電流があると時間とともに電荷が抜けていくことになります．2重積分型では充電時間と放電時間が異なるのが普通ですから，処理時間の長いほうの電荷がたくさん抜けることになり，充電時間と放電時間との比例関係が崩れて誤差が生じます．

▲ 静電容量の電圧依存性がないこと

　次に要求されるのは充電時と放電時で，コンデンサの静電容量が変化しないということです．「そんな短い時間に容量が変化するものか」と思われるかもしれませんが，高誘電率系や半導体系のセラミック・コンデンサの一部には，コンデンサにかかった電圧で静電容量が大きく変化してしまうものがあります．

▲ 誘電体吸収が小さいこと

　第4章でも述べたように，「誘電体吸収」はコンデンサを放電させたあとに電荷が戻ってくる現象です．誘電体吸収が大きいとコンデンサの充放電の対応性が根底から崩れてしまいます．

● 誘電体吸収の小さいコンデンサの選択

　2重積分型A-Dコンバータの動作原理の項では，理解しやすいように，さも悠長に動作しているように書きましたが，実際のコンバータは表示のちらつきを最低限にするためもあって，連続して休む間もなく働いています．ですからリセットに要する時間（オート・ゼロ時間）もできるかぎり切り詰めた設計になっていますし，実際は図7-24の(c)の区間はありません．

〈図7-25〉
誘電体吸収の等価回路

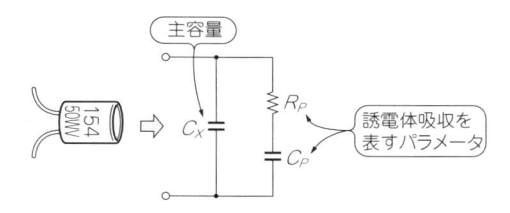

しかし，誘電体吸収が起こると，充放電の収支が狂って誤差を増大させてしまいます．誘電体吸収はコンデンサの構造より誘電体の種類によって決まってしまう，やっかいな現象です．図7-25に，この現象を等価回路にして示しましたが，このR_PとC_Pがあるためにコンデンサを短時間ショートしただけではC_Pにまだ電荷が残っているわけです．

これは，いわばバイクのリザーブ・タンクのようなものが，コンデンサ内に勝手にできてしまうようなものです．誘電体吸収は高誘電率系のセラミックやポリエステルで大きく，逆に小さいのはポリプロピレン，スチロール，マイカ・コンデンサなどです．

● ディジタル・パネル・メータの実例

ICL7136は，3・1/2桁ディジタル・パネル・メータに必要な入力処理回路，2重積分型A-Dコンバータ，コントローラ，液晶ディスプレイ・ドライバなどを1チップに集積した専用LSIです．図7-26に，このICの内部構成図を示します．図7-27は，このICのデータ・ブックに掲載されている参考回路例です．

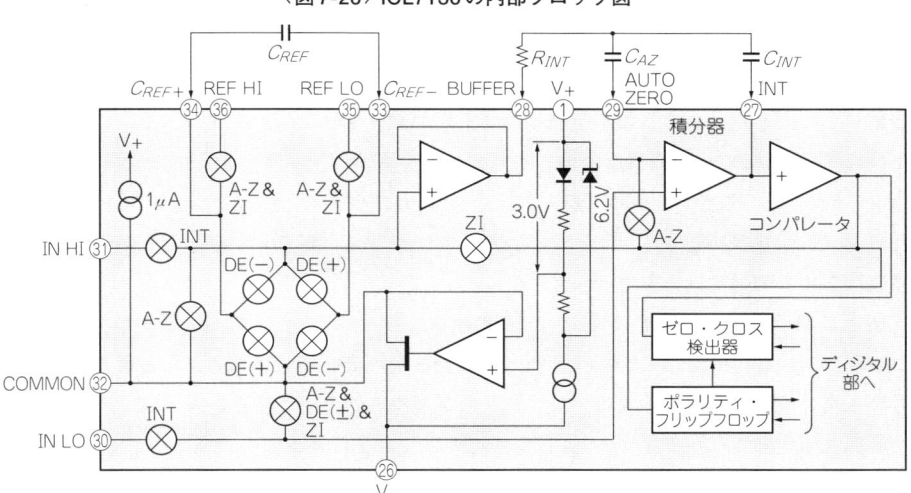

〈図7-26〉ICL7136の内部ブロック図

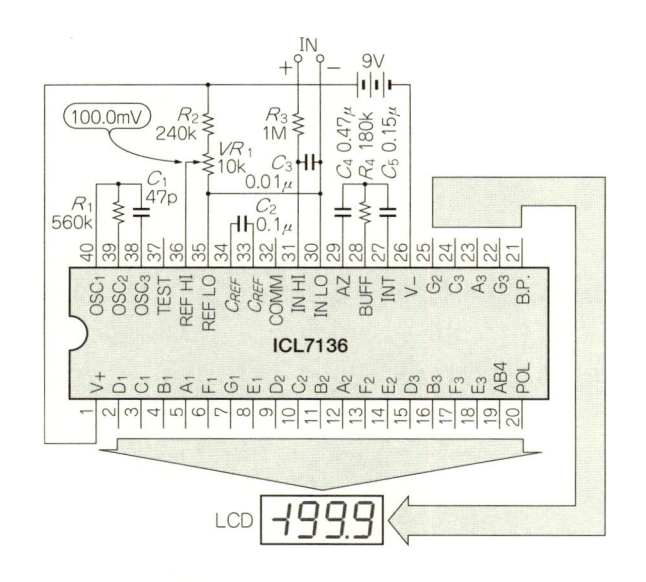

〈図7-27〉
ICL7136の回路例

▲回路の動作と部品の役割

それでは**図7-27**の回路図に沿って，部品の役割について考えてみましょう．

R_1とC_1は内部クロックを作る自走型RC発振器の時定数です．前述のとおり，2重積分型A-Dコンバータでは，短い充放電サイクルで周波数のふらつきがなければ多少の周波数誤差は許容されます．ただし，このブロックのインピーダンスは高いのでなるべく小さな部品を使い，配線長をできるかぎり短くしてノイズによる影響を最小限にします．

R_2とVR_1は定電流型リファレンスから基準電圧を作る回路で，R_2のトレランスをVR_1で調整します．したがって基準電圧精度はこれらの温度係数に依存します．

C_2は極性処理のため，基準電圧を一時ホールドするコンデンサです．ドループ（時間による電圧低下）を小さくするために静電容量を大きめに取っていますが，コンデンサ自身の漏れ電流にも注意が必要です．しかしC_2の基準電圧は常に一定ですから，容量誤差や誘電体吸収はあまり問題にはなりません．

R_3とC_3は入力信号に対して，$f_0 = 16Hz$の簡単なローパス・フィルタを形成しています．2重積分型A-Dコンバータは変換速度が遅く，周波数の高い信号は邪魔になるので，入力信号から高い周波数をカットするのです．このフィルタのインピーダンスも高く，漏れ電流が多いと誤差につながりますから，注意が必要です．またノイズの影響を小さくするにはR_3をなるべくICに近づけて配線するようにします．

さて R_4, C_4, C_5 は2重積分の基幹になる部品で，R_4 と C_5 はそれぞれ図7-23の R_1 と C_1 に相当します．また C_4 はオート・ゼロに使うホールド・コンデンサです．C_4 と C_5 は直接精度に関係し，また頻繁に充放電を繰り返しますから漏れ電流や容量変化はもちろんのこと，誘電体吸収が小さいことが要求されます．

▲ コンデンサの品種選択

以上からコンデンサの品種を考えてみると次のようになります．

まず C_1 には周波数特性のよいコンデンサならほとんどの品種が使えますが，容量が47pFと小さいので，低誘電率系セラミックかスチロール・コンデンサが適しています．

次に C_2 と C_3 には漏れ電流の小さいものが必要です．しかし容量が大きめですから，形状の小さなポリエステル系の積層フィルム・コンデンサが適しているでしょう．

C_4 と C_5 には誘電体吸収が小さいことが要求されますが，静電容量は $0.47\mu F$ と $0.15\mu F$ と大きいので，入手が容易な定格電圧50Vのメタライズド・ポリプロピレン・コンデンサを使用することにしました．ただし外形はほかのコンデンサと比べてかなり大きめになります．

● 2重積分型A-Dコンバータのまとめ

2重積分型A-Dコンバータは，部品の誤差を巧みにすり抜けて高精度の変換が可能なスマートな手法ですが，キー・パーツとなる積分コンデンサには，漏れ電流や静電容量の電圧依存性に加えて，誘電体吸収にも注意が必要です．

誘電体吸収は，いわば隠し電荷のような現象でコンデンサの構造より誘電体材料に依存します．誘電体吸収の小さな品種には，中容量ではポリプロピレン・コンデンサが，小容量ではスチロールやマイカ・コンデンサがあります．

図7-27のパネル・メータの例では C_4 と C_5 がこれに相当し，必要な静電容量が大きいために，メタライズド・ポリプロピレン・コンデンサを使用することにしました．

7.7 水晶発振回路のコンデンサ

水晶発振子は手軽に周波数精度の高い発振が得られるために，さまざまな用途に使われています．しかし水晶発振子を精度良く安定に発振させるには，それなりの「作法」が必要です．ここではHCMOSを使ったディジタル回路用のクロック発振器を例に，高周波用コンデンサについて考えます．

● 水晶発振子の性質

　水晶発振子は薄く切り出した水晶板の両面に電極を付け,気密パッケージに収めたものです.水晶板などの圧電素材に電圧をかけると,機械的変形を起こします.水晶は厚み滑り方向の変形です.また逆に水晶は機械的な変形によって電圧を発生します.

　水晶板には機械的に決まる振動共振点があり,しかも電気-機械系は密接な関係があるので,その付近の周波数では電気的にも鋭い共振現象が見られます.

　水晶発振子を電気的に眺めてみると,共振点より周波数が十分低い場合や高い場合は,水晶発振子は水晶を誘電体にした,ただのコンデンサに見えます.

　しかし共振点近くの周波数では特異的なふるまいをします.図7-28のように,周波数の増加につれ今までコンデンサ的(C性)であったものが,a点付近からコイル的(L性)なふるまいを行い始め,b点でピークに達します.その後は急激にL性を失いc点より高い周波数では再びコンデンサとしての性質に戻ります.

　水晶発振回路ではこの水晶発振子がL性になったとき,とくに安定なa点からb点を利用して発振させます.説明のため図7-28は周波数軸をかなり拡大していますが,実際のa点とb点の周波数幅はとても狭く,また温度などに対して安定であるために,正確な発振周波数が得られます.

● 水晶発振回路の動作

　水晶発振子を発振させるには,外部に損失を補償する帰還増幅器と水晶発振子の負荷コンデンサとを組み合わせます.図7-29はCMOS系のロジックICを使った,ディジタル回路用のクロック発振器ですが,この回路を理解するにはアナログ的なセンスが必要です.

▲ π型共振回路

　水晶発振子X_1は,発振周波数付近でコイルとしてふるまいます.いま,このインダクタ

〈図7-28〉水晶発振子の特性

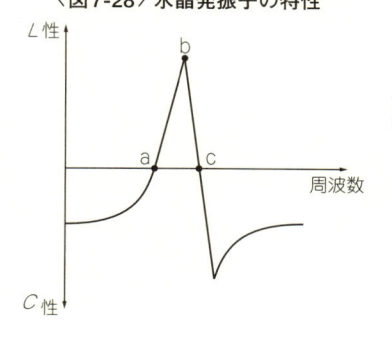

〈図7-29〉ディジタル回路用の水晶クロック発振器
TC74HCU04BP

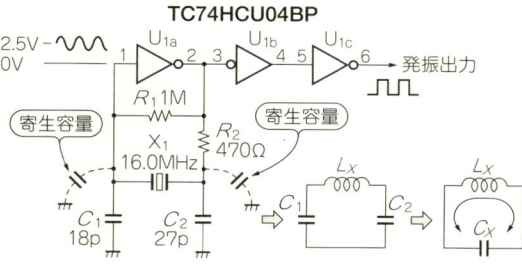

ンスを L_X とします．また X_1 の両端子から C_1 と C_2 を見ると，これらは GND を介して直列につながっているように見えます．この合成容量 C_X は，コンデンサの公式から，

$$C_X = C_1 \cdot C_2 / (C_1 + C_2)$$

で求められます．すると L_X と合成容量 C_X は並列共振回路を構成していることになります．この X_1 と C_1，C_2 のようにコンデンサを2分割した回路を，その形状から π 型共振回路と呼びます．

▲ CMOSロジックを高周波アンプとして使う

CMOS型のインバータ U_{1a}（1/6　74HCU04）の入力端子と出力端子の間には，高い抵抗値の R_1 が接続されています．このような帰還接続が行われると，入出力の電圧はHレベルとLレベルの中間値になり，一種の高周波アナログ・アンプ（正確にはトランス・インピーダンス・アンプ）として動作します．

ただし，このようなアナログ的な使い方をするには，U_{1a} の内部構成が1段のHCU型でないと，中間電圧の段間ばらつきによってうまく動作しません．

さて U_{1a} の出力は R_2 を介して π 型共振回路の C_2 に与えられます．C_2 に与えられたエネルギは π 型共振回路全体に供給され，C_1 の両端にも共振波形として表れます．この電圧は U_{1a} の入力端子に戻されますので，結果として U_{1a} は発振アンプとして動作し，その出力には π 型共振回路で決まる発振周波数 f_0 の出力が得られます．この f_0 は普通の LC 共振回路と同様に，

$$f_0 = \frac{1}{2\pi\sqrt{L_X \cdot C_X}}$$

で求められます．U_{1a} の発振出力は，そのままでは振幅が小さく，またサイン波状の波形になっているので，U_{1b} と U_{1c} で増幅/波形成形するとともに，負荷のディジタル回路からのスイッチング・ノイズが U_{1a} に逆流して発振が不安定になることも防いでいます．

● 水晶発振回路のコンデンサ

水晶発振子は共振周波数付近でコイルとしてふるまい，またその発振周波数は特定されていますから，負荷容量 C_X は水晶発振子の品種によって自動的に決定されます．

水晶発振子のカタログにはこれが「負荷容量」として明記されていますが，この値は水晶発振子の外形からは判断できません．

▲ 水晶発振子のメリット

さて水晶発振子のメリットは，その抜群の周波数安定性と共振の鋭さにあります．実際の発振器の出力をスペクトラム・アナライザにかけて精密に観察すると，図7-30のように

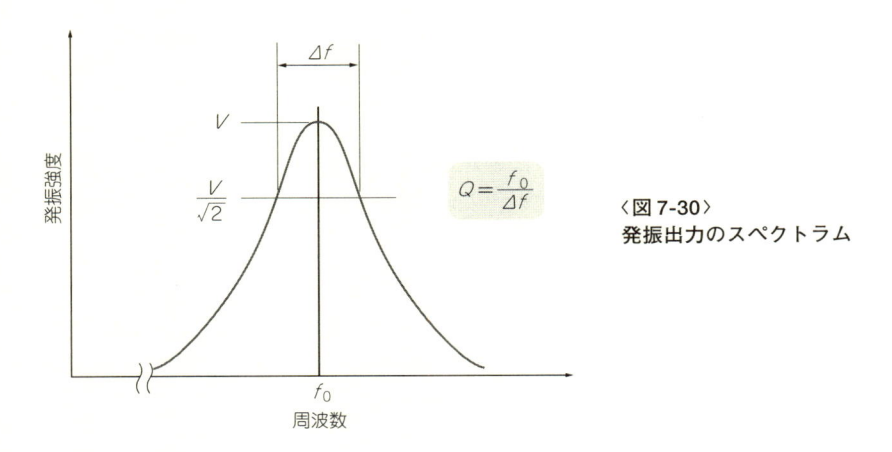

⟨図7-30⟩
発振出力のスペクトラム

$$Q = \frac{f_0}{\Delta f}$$

発振周波数の中心f_0の周囲に多少の幅をもっていることがわかります．

図7-30で信号強度が$1/\sqrt{2}$になる点同士を結んだ周波数幅をΔfとするとき，共振の鋭さを表す指数Q（Qualityの略）を$Q = f_0/\Delta f$のように定義し，Qが高いほど共振が鋭くスペクトル幅が狭いことを表します．このQは発振回路に限らず，フィルタ回路などでもよく使われる表現です．

▲ 誘電正接とQ

ところで水晶発振子を理想コンデンサと組み合わせたときのQは数千以上ありますが，図7-31のように並列抵抗分R_Pが無視できないほど小さかったり，C_Xの誘電体損失に相当するR_Sが大きかったりするとQが下がり，せっかくの水晶発振子の特性を殺してしまうことになりかねません．

まずR_Pは，R_1の値を実用上できる限り大きくし，またR_2を挿入してC_2から見たインピーダンスを大きく取っています．次にR_Sを小さくするには，C_1とC_2には高周波損失の少ないコンデンサを使うと同時に，X_1-C_1-C_2-X_1の間の接続を最短距離にして配線損失を小さ

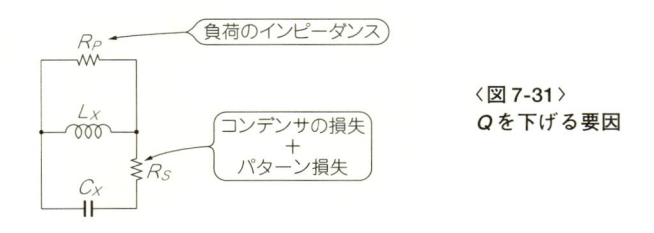

⟨図7-31⟩
Qを下げる要因

くすることが必要です．特に後者は浮遊容量やノイズ混入によるふらつき防止にも有効です．

● **コンデンサの選定**

水晶発振子には固有の負荷容量が定義されています．**図7-29**の回路に使用した水晶発振子の負荷容量は16pFでした．したがって，

$$\frac{C_1 \cdot C_2}{C_1 + C_2} = 16\text{pF}$$

になります．

▲ C_1の静電容量

この回路のC_1とC_2の配分を等しくすると，上式から$C_1 = C_2 = 32\text{pF}$になります．しかし，C_1やC_2をそのまま32pFとすると，正確な16MHzの発振周波数は得られません．その理由は，U_{1a}などの部品や配線パターンのもつ寄生容量によって実質的な負荷容量が大きめになってしまうことにあります．

データ・ブックによると，U_{1a}の入力容量は平均値で9pFほどあります．これに配線やR_1の浮遊容量として約5pFが加わるとすれば，合計で14pFの容量を32pFの値から差し引いて，$C_1 = 18\text{pF}$としなければなりません．

▲ C_2の静電容量

C_1と同じように，C_2についてもR_2と配線の浮遊容量を約5pFと見込めば，C_2の容量は27pFとなります．

ただしC_1とC_2の両者とも，配線容量などは見込みで計算していますので，正確な発振周波数を得るには，例えばC_1側を12pFの固定コンデンサと10pFの半固定コンデンサの並列回路に変更し，調整で合わせ込む必要があります．

▲ 高周波損失

Qを下げないようにするには，C_1とC_2に高周波損失の低いコンデンサを使用する必要があります．この条件と小さな容量値からは，低誘電率セラミック，スチロール，マイカなどのコンデンサが候補として挙げられます．

このうち低誘電率系セラミック・コンデンサは誘電体材料の種類が多く，それぞれ容量温度係数などの特性が異なります．したがって使用する際には，その製品の素性や特性の確認が必要です．またスチロール・コンデンサの基本構造は旋回型なので，寄生インダクタンスの小さな無誘導巻きのものを選択する必要があります．

マイカ・コンデンサは低い高周波損失と安定した温度係数が保証されているのですが，

ちょっと高価でメーカ数が少ない点が玉に傷です.

● **水晶発振回路用コンデンサのまとめ**

水晶発振子は簡単に周波数精度の高い発振が得られるので,広い分野で使われています.水晶発振子は通常L性の領域で使われ,この際の負荷容量は水晶発振子ごとに決まっています.

図7-29の回路はCMOS系ロジックICを高周波アンプとして使ったクロック発振器で,水晶発振子X_1の負荷容量は16pFです.この回路ではC_1側とC_2側の分圧比を等しく設計し,またU_{1a}の入力容量とR_1や配線の浮遊容量を見込んで,C_1 = 18pF, C_2 = 27pFとしました.

回路のQを下げないために,C_1とC_2には高周波特性のよいものを選ぶ必要があり,この例ではシルバード・マイカ型コンデンサを使用し,U_{1a}やX_1となるべく最短距離で配線できるように考慮します.なお厳密にf_0を合わせるには,トリマ・コンデンサとの併用が必要です.

第8章
失敗例のコレクション

　ここまで抵抗やコンデンサの正しい使い方について述べてきましたが，今度は逆に部品選択に関する失敗例をまとめてみました．

　どうも人間というものは，うまくいった回路（そう思いこんでいる回路？）よりも，失敗したときの印象のほうが強いようです．トラブルが起こっても比較的早い時期に修正可能なのは，「どうやらこれは前の××のケース」というふうに失敗例を活用しているためのようです．その意味でも設計を始められる方は，マニュアルにがんじがらめになるよりも，価値ある失敗を経験することのほうが，その時点では苦しくともプラスになるのではと考えています．

　本章では，冒頭の例のような数多い（!?）筆者の失敗例から，部品の選択に関するトラブルを数例集めてみましたので，ぜひ読者のデータベースに加えてみてください．

8.1　失敗例1：風が吹くと電気屋が泣く

　熱電対は，異種金属接合による熱起電力を利用する温度センサで，電源なしに機械式メータへ直結できる利点があり，古くから計測用途に使われてきました．

　現在では高速化/高精度化のために電子化された前置アンプやディジタル化されたリニアライザが主流になってきました．しかし熱電対の熱起電力は小さいために，以前にましてノイズへの配慮が必要とされるようになりました．

● 熱電対アンプ

　図8-1は，2本のK型熱電対を使って，2点の温度差を計測するための熱電対アンプです．ただし，2点間の温度差は10℃前後しかなく，熱起電力の差は約400 μV ときわめて低いものです．そのため熱電対アンプには，オフセット電圧と同相ノイズに配慮しチョッパ・スタビライズ型のOPアンプを差動型式にして使いました．

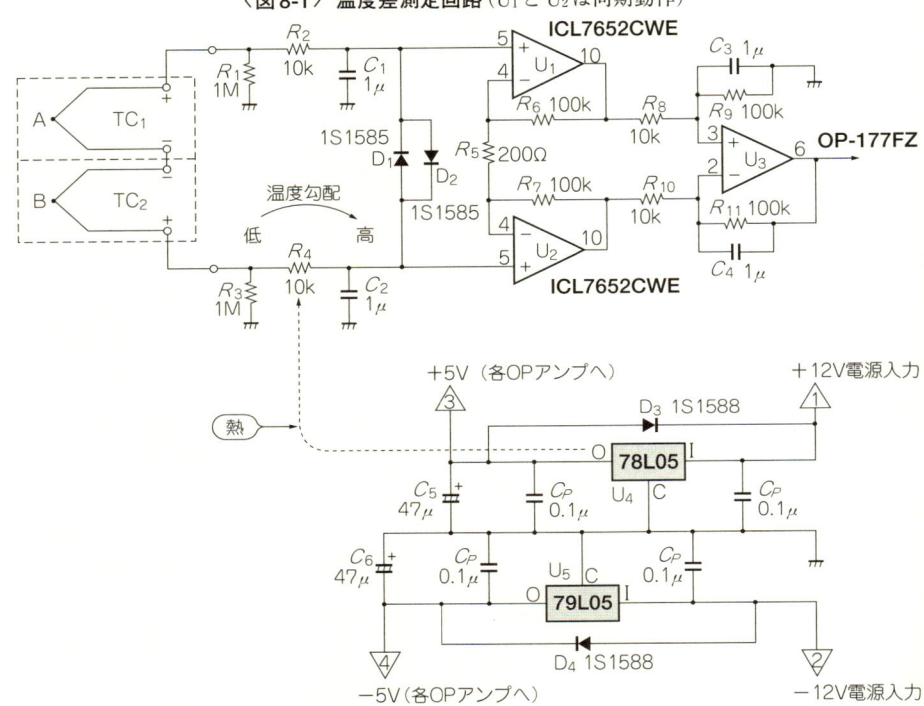

〈図8-1〉 温度差測定回路（U_1 と U_2 は同期動作）

● トラブル発生

　信号電圧が極小なのでパラメータ計算を何度も繰り返したあと，試作基板を作ってみました．もちろんある程度の困難は覚悟していましたが，実際にテストをしてみると，さっぱりうまくいかないのです．まず計算値の数倍のオフセット電圧が見られ，しかもそのドリフトが大きく，ついでに数Hz以下のノイズが大きいのです．

　これらの症状はOPアンプ特有のものに思えたので，しばらくはICと格闘することになりましたが，結局何も改善できませんでした．

● 風が吹くと…

　そのうち同僚が見かねて私のところへやってきたとき，問題の糸口が見えてきました．彼は「保護ダイオードの遮光はしたのか？」と言いにきたのですが，光起電力対策は初めから行っていました．それよりは彼の接近で起こった風で出力が大きく変動するのを見つけたことのほうが重要でした．

このときOPアンプは温度ドリフトのテストのためにティッシュ・ペーパでくるんでおり，また熱電対の入力端子はショートしていました．それでも風で出力が変化するのは，覆われていなかった入力フィルタ部分のせいに違いありません．

● トラブルの原因発見

そこで入力フィルタ部分をチェックしたところ，ついにR_4がオフセットやドリフトの原因であることを発見しました．実はC_1とC_2のサイズの関係で基板上のR_2とR_4は離れた位置にあり，さらにR_4のC_2側にはOPアンプ用の3端子レギュレータ（U_4, U_5）が配置され，R_4の両端子間に温度差ができていたのです．

$R_1 \sim R_4$の抵抗には普通の厚膜型金属皮膜抵抗（トレランス±1％）を使用していましたが，よく考えてみれば抵抗体と電極キャップは異種金属ですから，熱電対のような熱起電力が起こることが考えられます．もちろん抵抗両端の温度が同じならばこれらは相殺しますが，今回のように温度差ができると悪さをすることになります．

試しに，うちわで扇いでやると温度差が小さくなるために，オフセットも小さい側にシフトしました．また手もちの抵抗器を差し替えてテストすると，品種によってかなり起電力が違うこともわかりました．もちろん発熱するレギュレータを外し，外部から電源を供給すると，オフセット電圧とそれに伴うドリフトはほとんど解消します．

あとは低域のノイズですが，その後のチェックでR_1とR_3がこれに大きく関わっていることがわかりました．もちろんこれらの抵抗値も高過ぎたのですが，抵抗品種を変えてやることでノイズがかなり減ることも確認しました．

● トラブル対策

オフセットとドリフトに関しては温度勾配を極力避け，2入力の熱的／電気的バランスをとるとともに，熱起電力やノイズの少ない抵抗品種を使うことが得策と考えられました．

そこで，レギュレータなどを省いた入力アンプ部分だけを別基板に作り直すことにしました．

新しい基板の抵抗器には電極間距離が短く，前記のテストで好成績をおさめた薄膜型の金属皮膜チップ抵抗を採用しました．またR_1とR_3の抵抗値はノイズ軽減と抵抗値範囲から$100\mathrm{k}\Omega$へ変更しました．

さらにC_1とC_2に足ピッチの狭いものを使用するとともに，パターンを工夫して基板上のR_1とR_3のペア，R_2とR_4のペアの配置をできる限り近接させるようにし，しかも各入力端子からOPアンプの入力までのスルー・ホールを極力避け，その数やパターンの形を完全に対称にしました．

この対策のかいがあって，新しい回路のオフセットやドリフト，そしてノイズは当初予定したとおりの値に落ち着き，改めて「事実は教科書より奇なり」を実感しました．

8.2　失敗例2：定格電圧にご注意を

卵は物価の優等生と言われていますが，オシロスコープもその部類に属するのではないでしょうか．電子技術者の必需品と言われながら，かつては高嶺の花であったオシロスコープですが，今では100MSPS程度のDSOが個人レベルでも（ちょっと無理をすれば）買えるまでになりました．

しかし光プローブや直流電流プローブなど，オシロスコープ用の特殊なアクセサリの中には，まだまだ高価なものもあるようです．

● 高圧プローブ

ある日，15kV級の高圧パルス発生器をテストしようとしたところ，手もちの測定器ではとても計測できないことに気づきました．そこでT社のオシロスコープ用のカタログを調べてみたところ，フロン系の溶媒を注入して40kVまで測定できる1000：1の高圧プローブがありました．当然，現在はフロン系溶媒を使用しない機種へ変更しています．

また今回の波形測定にはざっと1MHz程度の−3dB帯域が必要ですが，このプローブの−3dB帯域はDC〜70MHzと，このメーカならではの凄い製品です．ところが価格を見てもう一度驚きました．なんと普及型のオシロスコープより，はるかに高価なのです．

かといってよく見かけるDMM（ディジタル・マルチメータ）用の高圧アッテネータは，もともと商用周波数の観測を目的としているので，周波数特性が心配です．

● それでは自作を

そういうわけで，でき心から「どうせ一度使うだけだから，あり合わせの部品でちょっと自作してみようか」ということになりました．

図8-2にその回路を示します．100MΩもの高抵抗は手元の部品箱になかったので，10MΩのカーボン抵抗を10個直列（R_1〜R_{10}）にしました．また20kVのパルスのデューティ比はせいぜい25％です．消費電力は100MΩなら全体で1W程度なので，抵抗1本あたりは0.1Wとなり1/4W型でも大丈夫と単純に考えました．オシロスコープの入力抵抗は1MΩなので，R_{11}とVR_1で調整して1000：1の分圧比を得るようにします．

同様に22pF/2kVの高圧セラミック・コンデンサの在庫があったので，これも10個（C_1〜C_{10}）直列にして2.2pF/20kVのコンデンサを合成しました．オシロスコープの入力容量

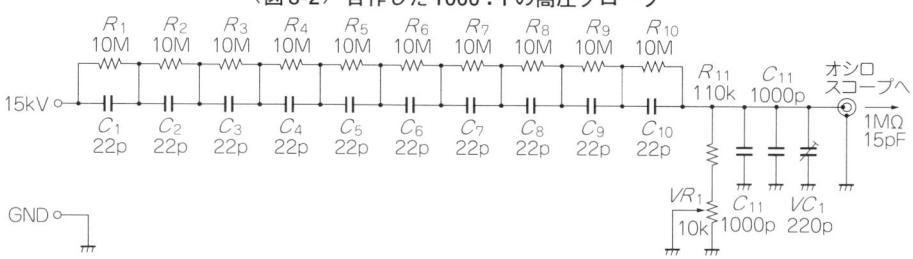

〈図8-2〉 自作した1000：1の高圧プローブ

は約15pF，接続ケーブルの静電容量は約23pFですのでC_{11}，C_{12}，そしてVC_1で簡単な位相補償を行います．

実装は，細長く切った生基板上に長いステアタイト製の端子を立て，上記の回路を空中配線を使って組み立てました．

校正は前に自作した$100V_{P-P}$の方形波発生器を使い，普通の10：1プローブを併用して行いました．その結果，浮遊容量によるノイズは多少あるものの，わりと簡単に正常な波形が得られました．

● 定格電圧を忘れてた！

ところが「何だ，意外に簡単じゃないか」と得意になって，高圧パルス発生器につないだとたん，パチパチッと小さな火花が散ってオシロスコープの輝線がどこかへ行ってしまいました．何が起きたのかわからず，しばらくは呆然としていましたが，プローブ単体でテストしたところ，$R_1 \sim R_{10}$の端子間にスパークが飛んでいることがわかりました．

冷静に考えると当たり前のことなのですが，それぞれの抵抗には1.5kVもの電圧がかかるので，カーボン抵抗の定格電圧をはるかに越えてしまっていたのです．

● やっぱり餅は餅屋

その後ようやく気を取り直し，抵抗専門店に出向いて100MΩ±5%，耐圧20kVの高電圧高抵抗型金属被膜抵抗を入手して，プローブを作り直すことになりました．またこのとき厚めのシリコン系の熱収縮チューブを何重にもこの抵抗にかぶせ，この上に図8-3のような銅箔テープの輪を貼り付けて$C_1 \sim C_{10}$の代わりにし，波形を見ながらC_{11}とC_{12}の値を調整しました．

この場合も抵抗の耐電力ばかりに気を取られ，これとは独立した耐電圧のパラメータを忘れていたのが原因でした．

実はこの事件の1年後，同じような回路の測定の必要に迫られ，このときは迷わずメーカ

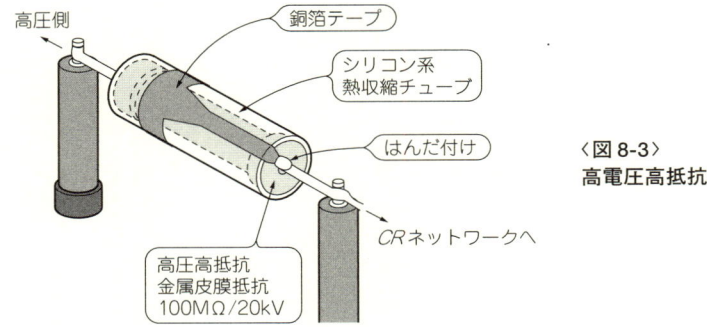

〈図 8-3〉
高電圧高抵抗型金属皮膜抵抗を使う

製の高圧プローブを購入することになりました.

8.3 失敗例3：TTLが全部パー

もう四半世紀も前のこと，高校の学園祭に共同で大時計を出品することになりました．
当時ロジックICと言えばスタンダードTTLが普通でした．ところがTTLで計数部を製作し，表示用にナツメ球をそろえたところで予算が尽きてしまい，周辺のランプ用リレーやその駆動用トランジスタなどはジャンク品に頼ることになりました．

TTL用の電源も例外ではなく，中古部品を使った図8-4のようなディスクリート構成になりました．回路はユニットごとに分業で製作しました．いざ各ユニットをつないで動かしてみると，時間の桁上がりのときに時々誤動作を起こす以外はうまく働くことがわかり

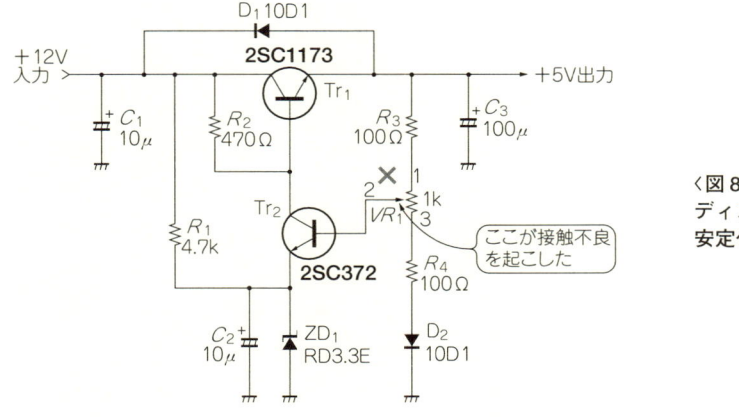

〈図 8-4〉
ディスクリート構成の安定化電源

8.3 失敗例3：TTLが全部パー　179

ました．

● いつの間にかTTLが…

　誤動作の原因は，TTL用電源のドライブ能力不足で電圧降下を起こしているように見えたので，電源電圧を少し上げてみることになりました．

　テスタを見ながら半固定抵抗 VR_1 を調整し，そばの友人に「これでどう？」と聞いたところ，みんなは無言．改めてディスプレイを眺めてみると見慣れない"FF：FF"の表示が出ていました．そういえば調整中にテスタの針がぴくっと不自然に振れたような気がしたのですが…．結局，電源の一時的な過電圧で7セグメント・デコーダを除くすべてのTTLが昇天していたのでした．

● 原因は半固定抵抗

　半固定抵抗 VR_1 はベーク板にカーボン系の抵抗体を印刷した安価な露出型で，ほかの実験基板で使っていたものを再生利用したため，カシメの部分が少し緩くなっていました．

　その後，借りたオシロスコープで電源を監視しながら VR_1 を回してみると，抵抗体のある回転位置に障害があるようで，そこでは接触不良を起こしワイパが電気的に浮いてしまうのです．

　図8-4の回路では VR_1 の2番端子が浮くと，Tr_2 は完全にOFFに，Tr_1 は全開となりますから出力には入力電圧の12Vに近い電圧が出てきます．たとえ短時間でも，これでは最大定格電圧が7VしかないTTLはひとたまりもありません．

● つねにフェイル・セーフを考える

　現在では，安価で簡便な3端子レギュレータやスイッチング電源を使うのが普通で，前述のような回路は教育用以外に見かけることはありません．しかしこの失敗例は，ほかの回路のための教訓を残してくれたように感じます．

　この例の問題点は中古の部品を使ったこと以外に，回路中の半固定抵抗の使い方にもあります．かりに優秀な半固定抵抗を使ったとしても，衝撃などに対するワイパ（2番）端子の信頼性はほかの端子より劣りますから，信頼性の必要な回路では万一ワイパが浮いたとしても，機器が安全側の動作をするような設計が必要です．たとえば図8-4の回路はこのフェイル・セーフの考え方で図8-5のように書き直せます．

　図8-5の回路では VR_1 を絶対値型で使うために，半固定抵抗の回転角と出力電圧は直線関係にありませんし，半固定抵抗のトレランスを設計時に考慮する必要があります．しかし，万一ワイパが浮いた場合でも出力電圧は低いほうに変化するために，負荷に障害を与えません．

〈図 8-5〉
図 8-4 の信頼性を向上させた回路

8.4　失敗例 4：高周波のパスコン

　最近は半導体プロセスの微細化が進み，また衛星放送や携帯電話の需要に後押しされて，小信号用ならば GHz 帯のデバイスも，汎用のものとさほど違わない価格で入手できるようになりました．

　一方，パソコンの世界でも数百 MHz の CPU クロックはあたりまえになり，また電源（信号）も低電圧化されてきました．その反面，今まで問題にならなかったパターンのインダクタンスやパスコンの高周波特性による障害が目立つようになって，再び高周波アナログの知識が必要とされるようになりました．

● プリ・スケーラ
　図 8-6 は 1.9GHz 帯の PLL 信号発生器に使われるプリ・スケーラ部分の回路図です．こ

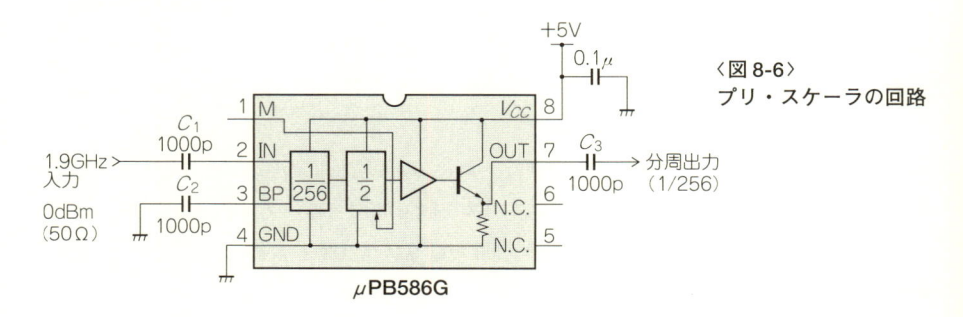

〈図 8-6〉
プリ・スケーラの回路

のような高い周波数では通常のPLL用プログラマブル・カウンタは動作しませんので，その前段にECLなどのプリ・スケーラを接続して分周します．

この例の分周比は1/256で，たとえば1.920GHzの入力信号は75.00MHzに分周されて出力されます．なお，このプリ・スケーラICでは入出力に中間電位の自己バイアスを使用しているため，直流カットのためのコンデンサC_1，C_3が必要です．同様にバイアス電圧用端子にもコンデンサC_2が挿入されています．

● カウント・ミスが発生

さて，ほかの回路を含めて組み立てを終え，マイクロ波カウンタで（平均）発振周波数を計測したところ，出力周波数が目標値よりやや高く，またそのスプリアスも多いことがわかりました．

当初はPLLの主カウンタやループ・フィルタを疑いましたが，信号を追ってみるうちに，プリ・スケーラがときどきミス・カウントしているらしいことがわかってきました．

● ミス・カウントの原因の推定

さすがに1GHzを越えると，ちょっとオシロスコープで波形観測というわけにはいきませんし，このようにシンプルな回路でも高周波的には疑うべき点がたくさんあります．しかし，この場合は一見してプリ・スケーラの電源に問題がありそうでした．というのは指示の不徹底から，パスコンにほかの回路部分と同じディスクリートの0.1μF積層セラミック・コンデンサ（高誘電率系）が実装されており，またその位置やパターンの引き回しはこの周波数帯では難があるように思えたからです（**図 8-7**）．

試しにICの電源ピンにピンセットを触れると，やはり出力周波数が変化しました．

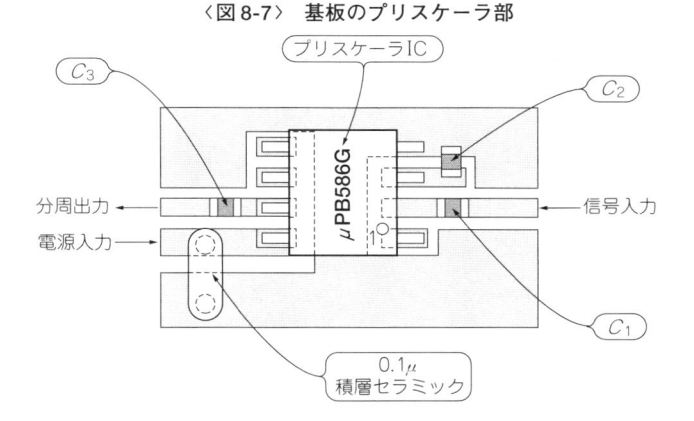

〈図 8-7〉 基板のプリスケーラ部

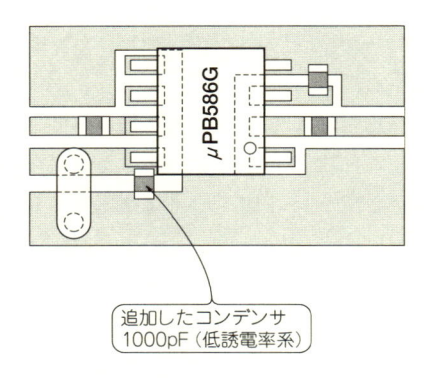

〈図 8-8〉
高周波用パスコンを追加

追加したコンデンサ
1000pF（低誘電率系）

● 高周波には高周波用のパスコンを

そこで図8-8のようにICの電源とGNDのパターン間に最短距離で1000pFの低誘電率系チップ・コンデンサを付け加えたところ，誤動作はぴたりと止まりました．

第4章でも述べたとおり，現実のコンデンサのインピーダンスは常に周波数の増加とともに低くなるのではなく，ある折り返し点以上では逆に増えていきます．これはリード線などのインダクタンスなどによるものですが，高周波特性が良いといわれる高誘電率系セラミック・コンデンサも例外ではありません．

コラム 8.a　スチコンに黙祷を

　設計技術者は電子部品の電気的特性にばかり気を取られがちですが，実際に基板や装置を作るには，部品の機械的な性質や化学的なふるまいに対する理解も必要です．
　この失敗例は，純粋に電気的なものではありませんが，部品の性質を多角的に知らなかったばかりにひどい目にあった典型的な例です．

● スチロール・コンデンサが全滅

　スチロール・コンデンサ（スチコン）は電気的特性が良く実績があり，安価なことからアマチュア時代から使う機会の多いコンデンサでした．現在の会社に入ってすぐ，あるフィルタ回路を設計したのですが，このときにもスチコンを使うことを想定していました．
　生基板ができあがり，手はんだで1枚試作基板を作るまでは何も問題はありませんでした．ところが外部の会社に実装を委託した最初の20枚の基板を受け取ったとき，基板上のスチコンだけがすべて溶けたり割れたりして，ほとんど原形をとどめていないことに驚きました．

● スチコンの三重苦

　アマチュア時代には基板実装を外注したことがなかったので，初めは何が起きたのか見当がつきませんでしたが，実装のプロセスを追っていくにつれ，自分の指示の過ちを理解したのです．
　基板ははんだ漕に浸けられて一括はんだ付けされたのですが，スチロール樹脂は85℃くらい

そこでリード線がなく，より誘電体特性に優れた低誘電率系チップ・コンデンサを並列に追加したところ，静電容量自体は小さいながらも電源のインピーダンスは低下して誤動作を防いだのです．

8.5　失敗例5：近接センサにもなるVCO

VCOとは，電圧制御発振器（Voltage Controlled Oscillator）の略で，制御電圧によって周波数を可変できる発振器の総称です．たとえばテレビ受像器はPLLを組み合わせた電子チューナ化が進んでいますが，このなかの局部発振器にはVCOが使われています．VCOには可変範囲や安定度，周波数帯によってさまざまな形式があります．

● VCO

図8-9は，PLL式チューナの実験に使ったローカル発振用VCOの回路です．VD_1とVD_2の二つの可変容量ダイオードにかける電圧により，広い周波数範囲の発振が可能な*LC*発振器です．実は，この部分は別の仕事で使った生基板を流用したもので，動作は保証されているかに見えました．ところがVC_1を使って中心周波数を調整しても，何かの条件で中心周波数がフワフワと動いてしまうのです．

で簡単に軟化してしまいます．この段階でリード線の付け根や樹脂外装はダメージを受け，すでに変形してしまいます．
　はんだ付け済みの基板はリード線が切られ，洗浄へ向かいます．フロン系溶剤は現在オゾン層を破壊する悪玉として有名ですが，当時は毒性が低く洗浄性のよい優等生でした．ところがスチロール樹脂はフロンや有機溶媒に溶けやすく，スチコンの破壊は大きく進みます．さらに悪いことには，洗浄力を上げるため同時に超音波が使われたのです．これで樹脂の溶解も促進された上に，硬くもろいスチロール樹脂は割れたりひびが入った可能性もあり，さらに破壊のスピードを速めたのです．
　これらの悪条件三つをセットで与えたのですから，スチコンはひとたまりもありません．このときはスチコンの冥福を祈るとともに「2度と同じ過ちを犯さないように」と誓ったのでした．

● そして現在

　このときは温度補償型セラミック・コンデンサを大急ぎで発注して，事なきを得ましたが，電気的特性やコストに優れたスチコンが現在あまり使われなくなった背景には，外形の大きさとともに，このような実装性の問題があります．
　もちろん現在では環境に優しい洗浄剤や無洗浄化が主流になっていますし，エポキシ外装の製品もありますが，やはりスチコンをはじめ，熱に弱いフィルム・コンデンサの実装には「あとで手付け」が無難なようです．

〈図8-9〉 VCOの回路

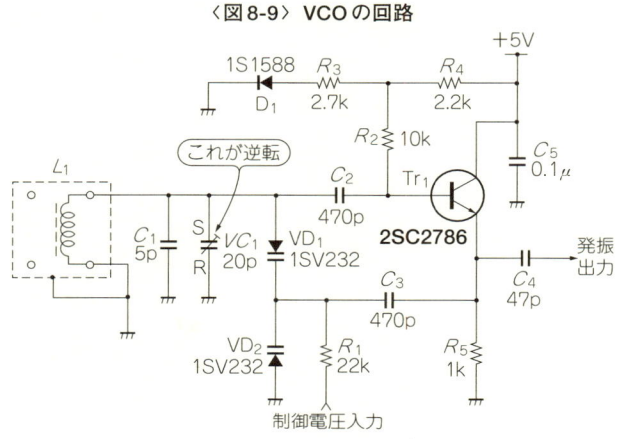

〈図8-10〉 メーカによる端子の違い（ともにロータ側をケースに接続している）

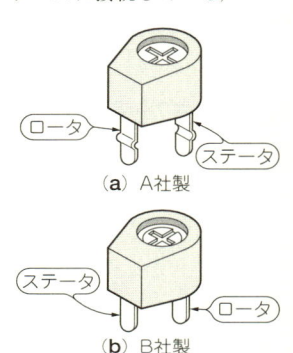

(a) A社製
(b) B社製

● 近接センサになっていたVCO

「どうも僕はPLLと相性が悪いな」と思いながら位相検出器をチェックしていたところ，またもや同僚が近づいてきて基板をのぞき込み，そして問題は解決しました．

実は，そのとき筆者の視界の隅にあったオシロスコープの輝線が「ヒュー」と上がったのです．オシロスコープはループ・フィルタに接続してありました．何とこのVCOは近接センサになっていたのです．

● メーカでセラミック・トリマの極性が異なる

「どうもありがとう！」と困惑した顔の同僚に礼を言い，改めて基板に指を近づけてチェックしたところ，VC_1がトラブルの元であることがわかりました．

実は，VC_1のロータ（回転子）とステータ（固定子）の関係が，基板上のシルク図と逆になっていたのです．このためクリティカルなC_2側がロータとシールドを兼ねた金属ケースにつながり，これが近接電極として働いたのでした．

さてこの原因は基板や実装の誤りではなく，メーカによるピン配置の違いにありました．図8-10のように二つのセラミック・トリマの外見はよく似ていますが，A社製のものは切り欠きがある側がロータなのに対して，B社製のものは切り欠き側がステータなのです．このトラブル以来，記憶力に自信のない私はセラミック・トリマを実装するとき必ず極性チェックをすることに決めました．

◆ 参考/引用＊文献 ◆

(1) 串間努;「子供の大科学」, 1997, 光文社文庫.
(2) シャープ㈱ LT-015MD 仕様書 (1983 年 11 月).
(3) *蘇 利明/竹田俊夫;ハードウェア・デザイン・シリーズ①「わかる電子部品の基礎と活用法」,
 p.21, p.25, p.27, pp.38 ~ 39, p.51, pp.54 ~ 55, pp.57 ~ 58, p.60, p.64, 第 4 版 (1998), CQ 出版㈱.
(4) *トランジスタ技術編集部編;ハードウェア・デザイン・シリーズ⑤「わかる電子回路部品 完全図鑑」, pp.4 ~ 7, p.11, pp.24 ~ 28, 第 2 版 (1998), CQ 出版㈱.
(5) (社) 日本電子機械工業会, 電子パーツ・カタログ 1999/2000.
(6) KOA ㈱, 総合カタログ.
(7) 進工業㈱ 薄膜チップ抵抗器カタログ.
(8) 多摩電気工業㈱, 総合カタログ.
(9) ニッコーム㈱, 金属板形抵抗器/巻線形固定抵抗器総合カタログ.
(10) アルファ・エレクトロニクス㈱, 金属箔抵抗器抵抗器カタログ.
(12) ㈱ピー・シー・エヌ, 総合カタログ.
(13) 日本ビシェイ㈱, 総合カタログ.
(14) ㈱日本抵抗器製作所, '99 総合カタログ.
(15) JIS ハンドブック「⑧電子」, 1984, (財) 日本規格協会.
(16) 東京コスモス電機㈱, 総合カタログ.
(17) 帝国通信工業㈱, 総合カタログ.
(18) ツバメ無線㈱, 総合カタログ.
(19) 栄通信工業㈱, 総合カタログ.
(20) ㈱緑測器, 2000 プレシジョン・ポテンショメータ・カタログ.
(21) 松下電子部品㈱機構部品事業部, 可変抵抗器カタログ.
(22) ビーアイ・テクノロジージャパン㈱, プレシジョンポテンショメータ/トリミング・ポテンショメータ・カタログ.
(23) 日本電産コパル電子㈱, トリマポテンショメータ・カタログ 2000.
(24) ビーアイ・テクノロジージャパン㈱, RC ネットワーク・カタログ VOL1/2.
(25) ㈱アイレックス, VME バスターミネータ・カタログ.
(26) 進工業㈱ SIP 型薄膜集合抵抗器カタログ.
(27) *岡村廸夫;「定本 OP アンプの設計」, pp.140 ~ 143, p.147, 第 12 版 (1997), CQ 出版㈱.
(28) 岡村廸夫;「解析ノイズ・メカニズム」, 第 11 版 (1997), CQ 出版㈱.
(29)「科学画報」, 1928 年 1 月号, 誠文堂.
(30) 国立天文台編;「理科年表」物理科学部, 丸善㈱.
(31) 片岡俊郎ほか;「エンジニアリングプラスチック」, 10 刷 (1997), 共立出版㈱.

(32) "CAPACITOR",Donald M. Trotter,SCIENTIFIC AMERICAN,July/1988.
(33) 松島学；アルミ電解コンデンサの正しい使い方, トランジスタ技術, 1995年6月号, CQ出版㈱.
(34) 双信電気㈱, 電子コンポーネント2000カタログ.
(35) 京セラ㈱, チップ・コンデンサ・カタログ.
(36) TDK㈱, チップ・コンデンサ・カタログ.
(37) ㈱指月電機製作所, コンデンサカタログ2000.
(38) 日本ケミコン㈱, 総合カタログ.
(39) ニチコン㈱, 総合カタログ.
(40) エルナー㈱, 総合カタログ.
(41) 三洋電機㈱, OSコンデンサ・カタログ.
(42) 松下電子部品㈱コンデンサ事業部, 93/94電解コンデンサ・カタログ.
(43) ㈱村田製作所, セラミック・トリマ・カタログ.
(44) 京セラ㈱, 積層セラミックチップトリマーコンデンサ・カタログ.
(45) ㈱東芝, LEDランプ・カタログ'92.
(46) テキサス・インスツルメンツ・アジア・リミテッド, The Bipolar Digital Integrated Circuits Data Book 1st Edition, CQ出版㈱.
(47) ㈱東芝, ハイスピードC2MOSデータ・ブック1991.
(48) Fooks/Zakarevicius,"Microwave Engineering Using Microstrip Circuits"-Prentice Hall.
(49) フェアチャイルド・ジャパン㈱, 1982 LINEAR DIVISION PRODUCTS.
(50) Precision Monolithics Inc(現National Semiconductor Co.PMI division),Analog Integrated Circuits Data Book Volume 10.
(51) 三宅和司；はんだごてコントローラの思い出, トランジスタ技術, 1997年2月号, CQ出版㈱.
(52) 松下電池工業㈱, 電池総合カタログ'91.
(53) 浜松ホトニクス㈱, フォトダイオード・カタログ'96.
(54) National Semiconductor Corporation,FACT Advanced CMOS Logic Databook.
(55) National Semiconductor Corporation,Linear Databook 1 -rev.1.
(56) 岡村迪夫；「SPICEによるトランジスタ回路の設計」, 第2版(1994), CQ出版㈱.
(57) インターシル社（現GEインターシル社）, 半導体総合カタログ1982.
(58) ㈱東芝, スタンダードC2MOSデータ・ブック1992.
(59) 畔津明仁；「ハード設計ワンランクアップ」, 第4版(1997), CQ出版㈱.
(60) キンセキ㈱,'99総合カタログ.
(61) ㈱大真空,'99総合カタログ.
(62) マキシム・ジャパン㈱, フルライン・データカタログ1999年度版バージョン3.0.
(63) ソニー・テクトロニクス㈱, 総合カタログ1999年度版.
(64) NEC半導体応用技術本部, 民生用高周波デバイス・データブック1993/1994.

索　　引

〔数　字〕

1-2-5 ステップ ---------------------------------- 41
2 重積分型 A-D コンバータ ------------------ 161
3 端子レギュレータ -------------------------- 141
4 端子型金属板抵抗 -------------------------- 118
4 端子抵抗 ------------------------------- 32, 116
78L09 --- 143

〔英文字〕

A カーブ -- 45
B カーブ -- 45
C カーブ -- 45
D カーブ -- 45
E 系列 -- 14
E 端子 -- 116
H カーブ -- 45
ICL7136 -------------------------------------- 165
ICL7555 -------------------------------------- 152
I-V 変換回路 --------------------------------- 120
I 端子 -- 116
JIS-C6402 ------------------------------------- 37
LF411CN ------------------------------------- 124
LM6361 -------------------------------------- 156
LM78L05ACZ -------------------------------- 142

ON 抵抗 -------------------------------------- 116
OP-07CP ------------------------------------- 101
OP-177FZ ------------------------------------ 108
PSRR --- 146
R-$2R$ ラダー型 ---------------------------- 57
VCO --- 183

〔ア　行〕

厚膜型金属系 ----------------------------------- 22
厚膜型金属皮膜抵抗 -------------------------- 175
厚膜型集合抵抗 ------------------------- 54, 100
アルミニウム電解コンデンサ ------- 77, 151
暗電流 -- 121
位相補償コンデンサ -------------------------- 126
印刷型 -- 25
インピーダンスの低減 ----------------- 98, 100
インピーダンス・マッチング ----------------- 52
薄膜型金属系 ----------------------------------- 23
薄膜型金属皮膜抵抗 -------------------------- 107
薄膜型集合抵抗 ------------------------- 58, 111
薄膜蒸着型 ------------------------------------- 26
エア・トリマ ----------------------------------- 91
エア・バリコン -------------------------------- 89
オープン・モード ------------------------------ 19

温度係数 ------------------------------- 17, 37, 42

〔カ 行〕

ガードリング ----------------------------- 126
カーボン抵抗 -------------------------- 13, 96
回転寿命 --------------------------------- 46
可変コンデンサ --------------------------- 86
可変抵抗器 ------------------------------- 39
ガラス抵抗 ------------------------------- 33
簡易絶縁型 ------------------------------- 27
簡易絶縁型炭素皮膜抵抗 ------------------ 21
貫通型 ----------------------------------- 80
寄生インダクタンス -------------------- 19, 42
寄生容量 ------------------------- 19, 42, 87
逆流防止ダイオード ---------------------- 115
極性 ------------------------------------- 66
金属箔 ----------------------------------- 24
金属箔型 --------------------------------- 26
金属板 ----------------------------------- 24
金属板型 --------------------------------- 26
金属板抵抗 ------------------------------- 32
金属皮膜抵抗 -------------------------- 31, 33
ゲイン・ピーキング ---------------------- 157
ケース型 --------------------------------- 29
結合用コンデンサ ------------------------ 156
結晶粒界 --------------------------------- 20
高圧セラミック・コンデンサ ------------ 176
高抵抗型金属皮膜抵抗 -------------------- 123
高誘電率系セラミック・コンデンサ ------ 76
高リプル対応型 -------------------------- 141
故障モード ------------------------ 19, 42, 71
固体電解型 ------------------------------- 84

固定抵抗器 ------------------------------- 13
個別型 ----------------------------------- 56
コモン型 --------------------------------- 55
コンダクティブ・プラスチック型 -------- 48

〔サ 行〕

サーメット系 ----------------------------- 47
サーメット型半固定抵抗 ------------------ 112
サグ ------------------------------------ 158
サブ・ポール --------------------------- 126
酸化金属皮膜系 --------------------------- 23
残留抵抗 --------------------------------- 46
シール型鉛蓄電池 ----------------------- 115
自己回復 --------------------------------- 71
湿式タンタル・コンデンサ --------------- 83
集合抵抗 --------------------------------- 54
終端型 ----------------------------------- 57
周波数特性 ------------------------------- 67
ショート・モード ------------------------ 19
シルバード・マイカ型コンデンサ ------- 172
スイッチング・ノイズ ------------------- 146
スチロール・コンデンサ ------- 74, 167, 171
ステータ --------------------------------- 86
静電容量カーブ --------------------------- 88
静電容量ステップ ------------------------ 64
静電容量値 ------------------------------- 63
静電容量比 ------------------------------- 87
積層型 ----------------------------------- 82
積層型 ---------------------------------- 139
積層セラミック・コンデンサ ----------- 139
積層メタライズド・フィルム型 --------- 155
絶縁塗装型 ------------------------------- 28

索引　189

絶対値モード……52	ディレーティング……34
セメント抵抗……11	ディレーティング率……34
セラミック・コンデンサ……147	デカップリング・コンデンサ……133
セラミック・トリマ……91, 184	デテント型……44, 48
旋回型……81	電圧制御発振器……183
全抵抗値……41	電気二重層型……85
全抵抗値ステップ……41	電気二重層コンデンサ……78
全抵抗値範囲……41	電源除去比……146
全波整流器……107	伝播遅延時間……135
相対温度係数……112	トリマ……86
相対トレランス……112	トレード・オフ……95, 110

〔タ　行〕

トレランス……16, 36, 41
トレランス調整……52

耐圧破壊……71	〔ナ　行〕
ダイオード・ブリッジ……107	熱電対アンプ……173
多回転型……50	ノイズ……20, 43
単回転型……49	〔ハ　行〕
炭素系……22, 47	バイアス電流……103
タンタル電解コンデンサ……78	パスコン……133
単板型……79	バック・ラッシュ……51
チップ型……29	バリコン……86
チップ抵抗……34	半固定コンデンサ……86
定格電圧……18, 42, 65	半固定抵抗器……39, 179
定格電力……18, 42	半導体セラミック・コンデンサ……76
抵抗カーブ……45	ピーク・ホールド・キャパシタ……149
抵抗値ステップ……14, 41	非固体電解型……82
抵抗値範囲……14	ピストン・トリマ……92
抵抗比モード……52	皮膜型……24
低誘電率系コンデンサ……160	フォト・ダイオード……119
低誘電率系セラミック・コンデンサ……73, 171	浮遊容量……87
低誘電率系チップ・コンデンサ……182	ブリーダ抵抗……35

プリ・スケーラ	180
プル・アップ抵抗	96
プル・ダウン抵抗	115
分極飽和	71
ペア抵抗	113
琺瑯型	30
琺瑯抵抗	34
ポール	125
補助コンデンサ	140
ポテンショメータ	52
ポリエチレン・トリマ	91
ポリ・バリコン	90
ポリフェニレン・サルファイド・コンデンサ	74
ポリプロピレン・コンデンサ	74, 167
ボルテージ・フォロワ	108

〔マ 行〕

マイカ・コンデンサ	73, 171
マイラ・コンデンサ	75
巻き型	81
巻き線型	26, 44, 47
巻き線抵抗	23, 31
メタライズド・ポリプロピレン・コンデンサ	167
メタル・クラッド抵抗	34
メタル・グレーズ抵抗	123
モールド型	28
漏れ電流	70, 154

〔ヤ 行〕

有極性アルミ電解コンデンサ	160
誘電正接	68
誘電体	63
誘電体吸収	70, 164
誘電体吸収率	70
誘電体損失	90
誘電体膜	66
容量温度係数	65
容量トレランス	64

〔ラ 行〕

両極性アルミ電解コンデンサ	159
リンギング	125
レオスタット	52
レベル確定	97, 99
レベル変換	98, 99
ロータ	86

〈著者紹介〉

三宅　和司（みやけ・かずし）
1959年　香川県に生まれる
1980年　大学進学のために上京
　　　　在学中，複数のソフトハウス設立に立ち会う
現在　　計測器の設計・開発に従事

● **本書記載の社名，製品名について** ── 本書に記載されている社名および製品名は，一般に開発メーカーの登録商標です．なお，本文中では™，®，©の各表示を明記していません．

● **本書掲載記事の利用についてのご注意** ── 本書掲載記事は著作権法により保護され，また産業財産権が確立されている場合があります．したがって，記事として掲載された技術情報をもとに製品化をするには，著作権者および産業財産権者の許可が必要です．また，掲載された技術情報を利用することにより発生した損害などに関して，CQ出版社および著作権者ならびに産業財産権者は責任を負いかねますのでご了承ください．

● **本書に関するご質問について** ── 文章，数式などの記述上の不明点についてのご質問は，必ず往復はがきか返信用封筒を同封した封書でお願いいたします．ご質問は著者に回送し直接回答していただきますので，多少時間がかかります．また，本書の記載範囲を越えるご質問には応じられませんので，ご了承ください．

● **本書の複製等について** ── 本書のコピー，スキャン，デジタル化等の無断複製は著作権法上での例外を除き禁じられています．本書を代行業者等の第三者に依頼してスキャンやデジタル化することは，たとえ個人や家庭内の利用でも認められておりません．

[JCOPY]〈(社)出版者著作権管理機構委託出版物〉
本書の全部または一部を無断で複写複製（コピー）することは，著作権法上での例外を除き，禁じられています．本書からの複製を希望される場合は，(社)出版者著作権管理機構（TEL：03-3513-6969）にご連絡ください．

抵抗＆コンデンサの適材適所

2000年 3月20日　初 版 発 行　　　　　© 三宅　和司　2000
2016年 4月 1日　第13版発行　　　　　（無断転載を禁じます）

　　　　　　　　　　　　　　　　　　著　者　　三宅　和司
　　　　　　　　　　　　　　　　　　発行人　　寺前　裕司
　　　　　　　　　　　　　　　　　　発行所　　ＣＱ出版株式会社
　　　　　　　　　　　　　　　　　　〒112-8619　東京都文京区千石4-29-14
　　　　　　　　　　　　　　　　　　編集　電話　03-5395-2148
ISBN978-4-7898-3278-6　　　　　　　　販売　電話　03-5395-2141
定価はカバーに表示してあります　　　振替　　　00100-7-10665

乱丁，落丁本はお取り替えします．　　　印刷・製本　クニメディア（株）
Printed in Japan